纯粹手绘

室内软装设计
快速表现
(白金超值版)

连柏慧 等编著

机械工业出版社
CHINA MACHINE PRESS

本书是纯粹手绘教育多年艰辛探索的教学方法的总结。在讲解了手绘工具、线条、单体画法、软装线稿、软装色彩和空间色彩知识的同时，介绍了快速、准确手绘表现室内软装的技巧。

本书的最大特色是在介绍室内设计软装传统手绘快速表现的基础上，加入了电脑手绘快速表现的相关知识。通过学习电脑手绘快速表现，不用会透视，不用尺子慢慢描，不用建模，不用花长时间渲染，想画什么就画什么，灯光、材质直接可以画出效果。它可以帮助读者更快速、更便捷地绘出相片级的室内软装设计手绘效果图。

本书可供建筑设计、景观设计、室内设计等专业的从业者或其他对手绘感兴趣的读者阅读使用。

图书在版编目（CIP）数据

纯粹手绘：室内软装设计快速表现：白金超值版 / 连柏慧等编著 .—2 版 .—北京：机械工业出版社，2019.1

ISBN 978-7-111-62339-7

Ⅰ. ①纯…　Ⅱ. ①连…　Ⅲ. ①室内装饰设计—绘画技法　Ⅳ. ① TU204.11

中国版本图书馆 CIP 数据核字 (2019) 第 054476 号

机械工业出版社 (北京市百万庄大街 22 号邮政编码 100037)
策划编辑：关正美　责任编辑：关正美
封面设计：张　静　责任校对：刘雅娜
责任印制：孙　炜
保定市中画美凯印刷有限公司印刷
2019 年 7 月第 2 版第 1 次印刷
285mm × 280mm · 10.333 印张 · 300 千字
标准书号：ISBN 978-7-111-62339-7
定价：79.00 元

电话服务
客服电话：010-88361066
010-88379833
010-68326294

网络服务
机　工　官　网：www.cmpbook.com
机　工　官　博：weibo.com/cmp1952
金　书　网：www.golden-book.com
机工教育服务网：www.cmpedu.com

前言一

在现代化高速发展的今天，设计学不仅成为艺术学派中最具商业价值的学科之一，而且从学派艺术中脱离出来，开始慢慢讲究效率和方法。现在人们在设计创作的过程中掌握的方法和手段越来越多元化，其中电脑手绘快速表现作为一种主要的表现手段，已被社会认可。

从项目的设计思想开始创意，运用电脑手绘画出空间推敲线稿，选择透视导向，可以让我们轻松、准确地绘制手绘效果图，让设计者在方案前期节省更多的时间与效果图成本。

学习电脑手绘快速表现，不用会透视，不用尺子慢慢描，不用建模，不用花长时间渲染，想什么就画什么，灯光、材质直接可以画出效果。它更快速、更便捷，十分钟左右便可以绘出相片级的手绘效果图。

这是一个改变室内设计手绘行业的表现方式，希望通过本书让更多的人了解电脑手绘，为提高设计表现技能水平提供更多的帮助。

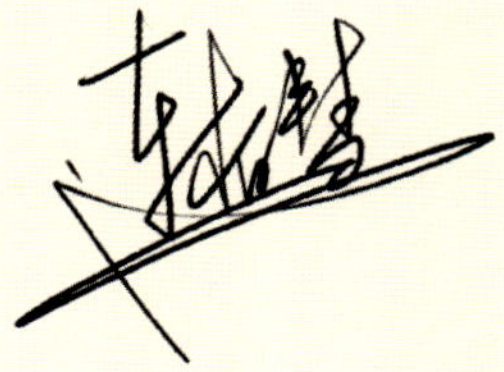

前言二

室内软装设计是环境艺术设计与室内设计专业的一门必修专业课，同时也是家具设计、展示设计、产品设计专业的一门专业选修课。软装既是装修的前奏也是装修的续编。软装设计更能体现出空间使用者的品位和审美素养，是营造室内空间氛围的点睛之笔，它打破了传统的装修行业界限，把家具、灯饰、工艺品、陈设品、布艺和植物等重新组合。正因为这样，软装越来越受到重视。

正因为软装的重要性，我们作为软装设计师，在工作的过程中必须要懂得以手绘及各种形式来展现空间艺装软配的魅力，以便更好地推广空间装饰艺术，加强交流与融合。空间与软装陈设艺术品一体化已成为时尚的潮流。艺术时代需要设计师兼备艺术设计与艺术手绘相结合的能力，从而达到“硬软装一体化”的程度。

劳彩媚写于纯粹教育

目录

01

基础与如何入手单体

纸面常用手绘工具

勾线类工具

勾线类的工具主要有0.5mm签字笔、针管笔、活动铅笔等。选择笔时，要注意笔芯出水应平均，流畅。

马克笔

马克笔（又称麦克笔）是各类专业手绘表现中最常用的工具之一，主要分为油性和水性两种。在练习阶段，最好选择一些价格比较低的马克笔。马克笔色彩约120种，在购买时可以单支选购，不要过多选择非常艳丽的颜色。

彩色铅笔

彩色铅笔也是手绘表现图里不可缺少的工具，分油性与水性两种。推荐选用48色水性彩铅。

电脑手绘常用工具

一、数位板

价格便宜，但上手难度高，不能手眼同步。

二、数位屏

需要连接台式电脑或者笔记本电脑，可以显示电脑屏幕的画面，直接拿笔在屏幕上绘图比较直接、快捷、方便。对于初学者来说，是很容易上手的工具。

三、电脑一体机

只有一根电源线需要安装，可以直接在屏幕上绘画。

四、IPAD

IPAD，随时随地出方案，适合经常出差与客户交流的设计师使用。

快直线的画法

初学者绘制线条时，大都不流畅，轻重把握不到位，下笔犹豫不决。

快线首先要做到流畅，快、轻、稳。

方法：

手腕不能单动，因为它的方向是弯的，手腕与手臂一起动，下笔时先来回拉两下，让头重些，行笔要快、轻，落笔时不能存有太多的思维，肯定一点，手腕与手臂一定要保证平行，停笔不要马上提笔，要来回两下，画出重头线条，让人感觉快、硬、稳。

抖直线的画法（草图用线）

●好处：容易控制好线的走向和停留位置，比如用快直线去画一条长的线，因为速度快，容易把握不好走向和长度，导致线斜、出头太多等情况，抖线给人感觉自由、休闲，力强一些，将直线和抖直线想象成吉他线。快直线相当于拉紧了的线，抖线相当于未拉紧的线。因为它的速度没有直线快，所以在走笔时有时间思考线的走向和停留位置。

●画法：大、中、小抖线（图例）

大抖：行笔2秒时间，加上手振。抖浪较大，一段100mm的线，抖动而成的波浪形线的浪波数在8个左右为好，量小，浪长，流畅、自然。

中抖：行笔3秒时间，加上手振。抖浪较小，一段100mm的线，抖动而成的波浪形线的波浪数在11个左右为好，浪中小，在于流畅、自然。

小抖：行笔4秒时间，加上手振。抖浪较小，一段100mm的线，抖动而成的波浪形线的波浪数在25个左右为好，浪中小，在于流畅、自然。

需要注意的是，抖直线时不可像画图案一样，要做到有形而无形，无形而有形。

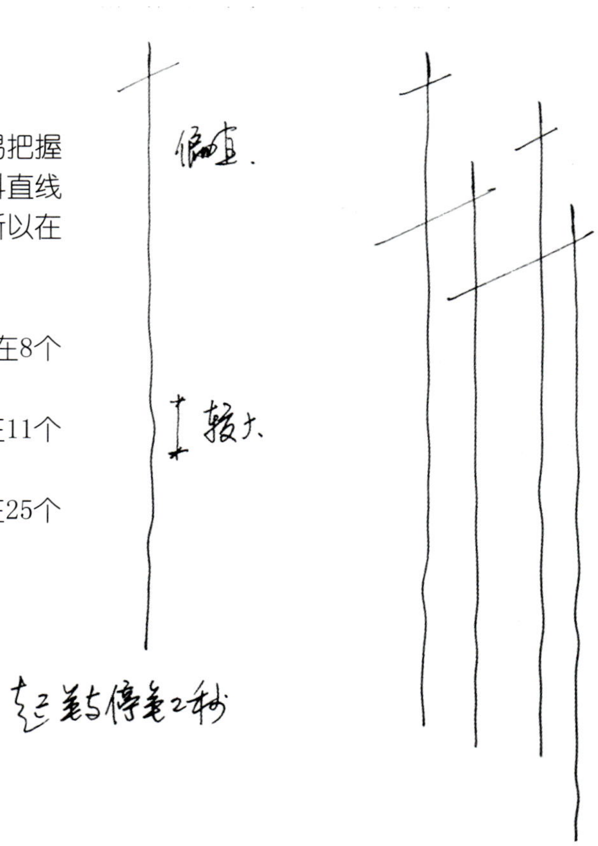

线条练习

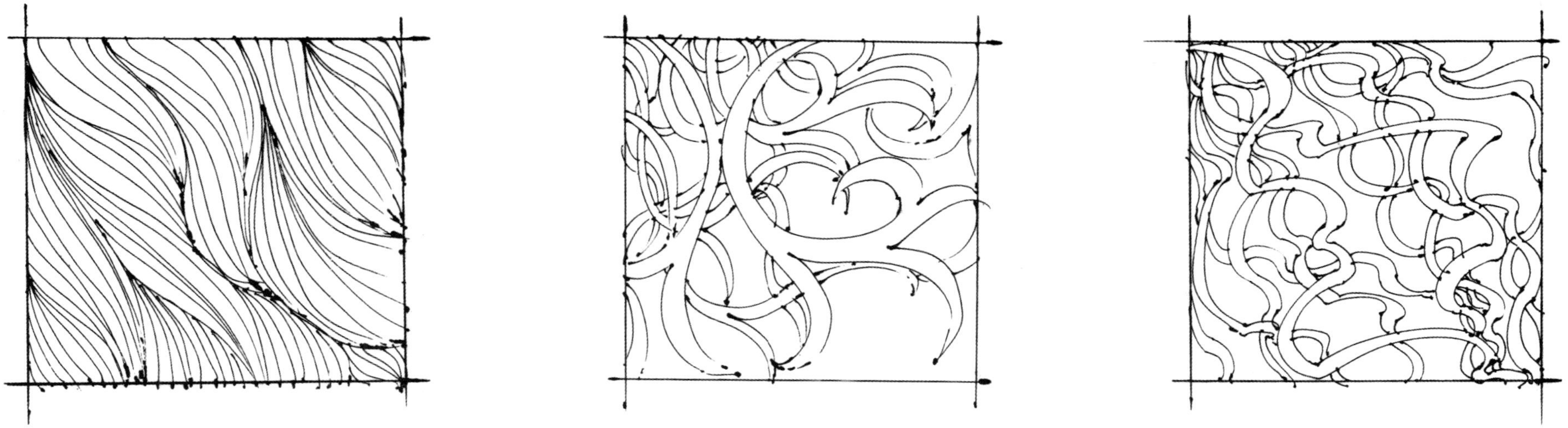

曲线：行笔要快、轻，画出来的线条才会流畅，整体的力度应均匀，头尾可以停顿，画出来的线条才不会太死板。曲线在画枕头、床单、欧式家具等时比较常用。

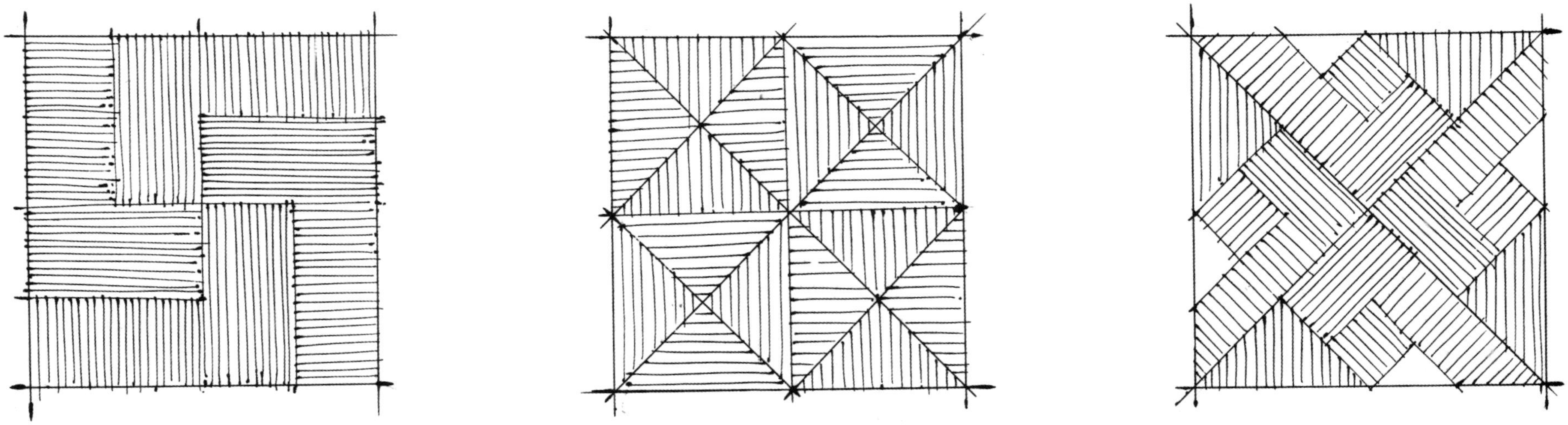

快直线：行笔要快、轻、稳，上面的图例要有耐心，能训练到想画到哪里停笔就在哪里停笔，那么在以后的空间里就能控制自如，线条的长短可以根据实际情况变化。

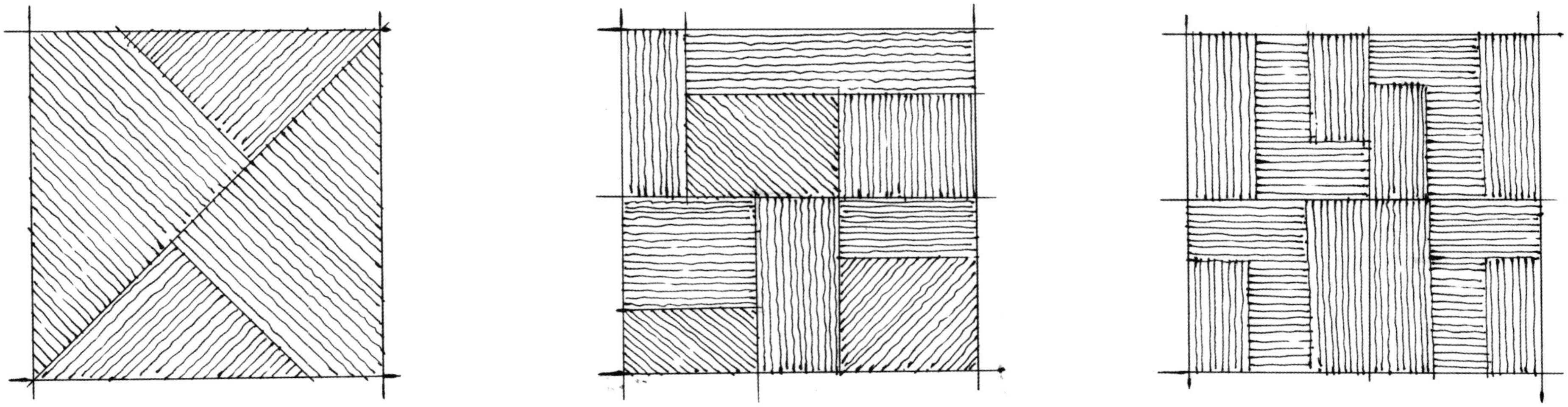

自由线：行笔要慢、轻、稳，用笔比较轻松、随意，带有少少的抖动，也要训练自己的耐心。

单人沙发

单体形状千变万化，但它们的基本形状都可归纳为一个盒子的概念，先了解沙发的整体，再步步细化。

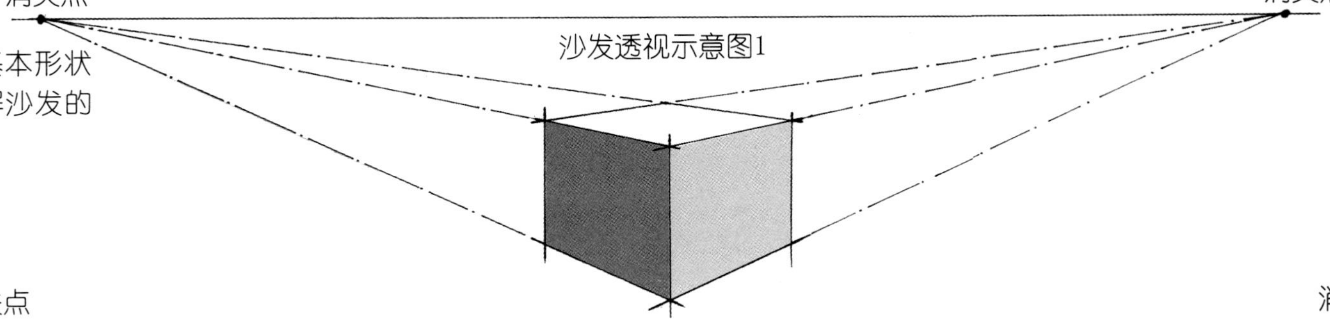

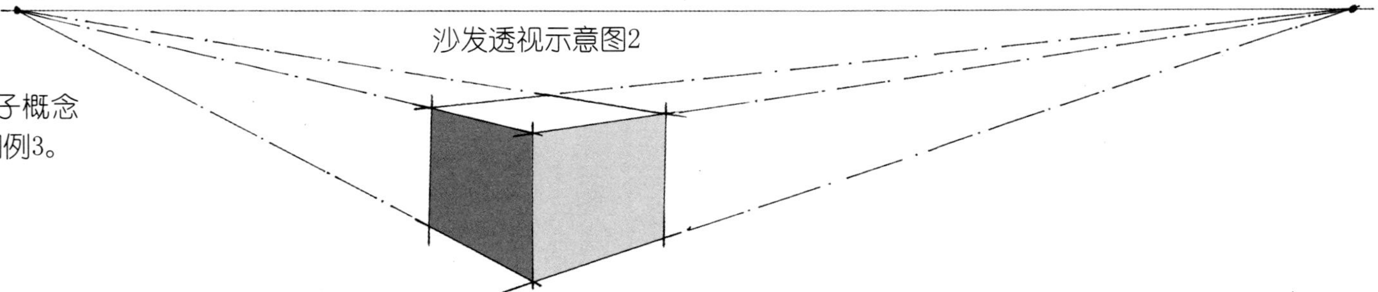

通过沙发透视示意图1、2的盒子概念得出基本的沙发形状。详见图例1~图例3。

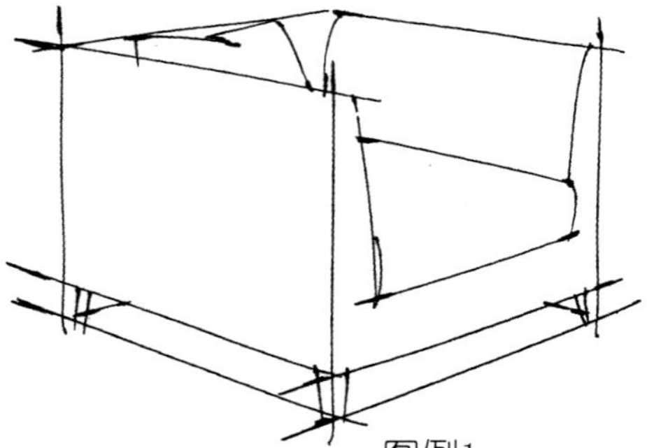

图例1

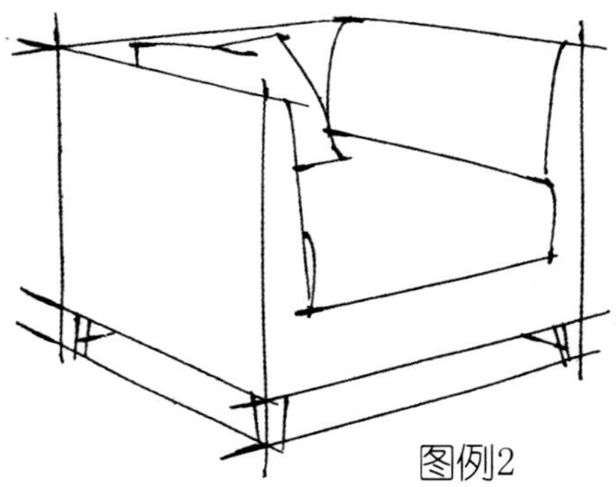

图例2

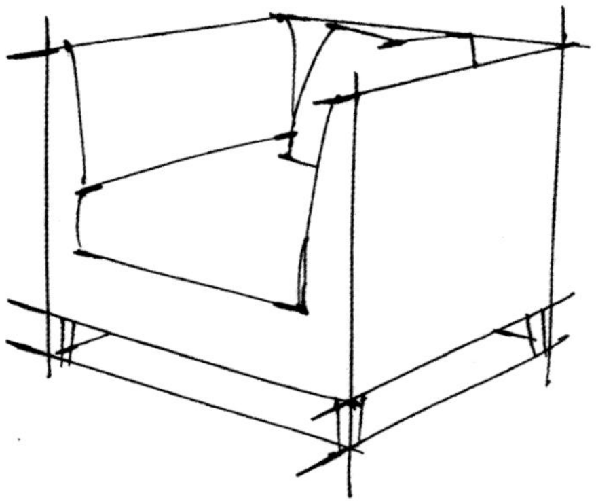

图例3

通过图例1~图例3的基本沙发形状得出图例4~图例6的不同款式的沙发。

图例4

图例5

图例6

双人沙发

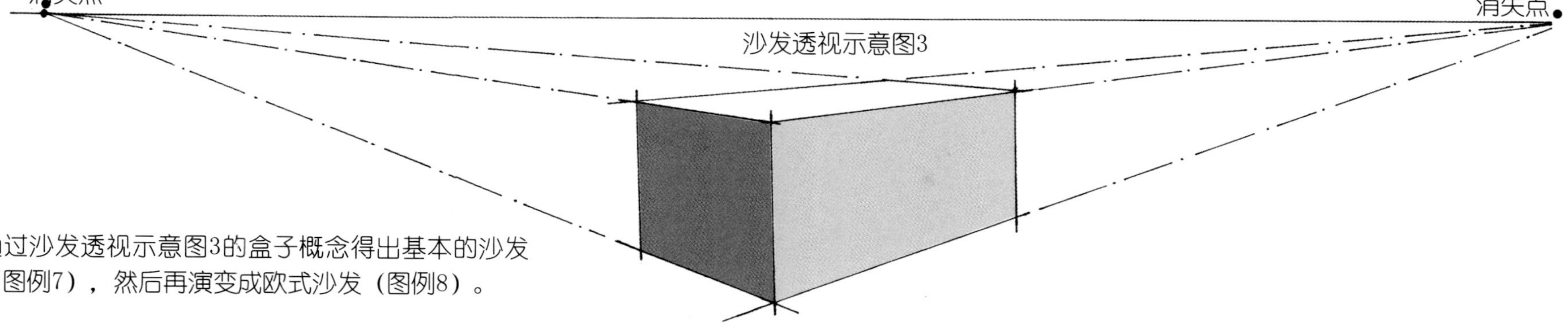

沙发透视示意图3

通过沙发透视示意图3的盒子概念得出基本的沙发形状（图例7），然后再演变成欧式沙发（图例8）。

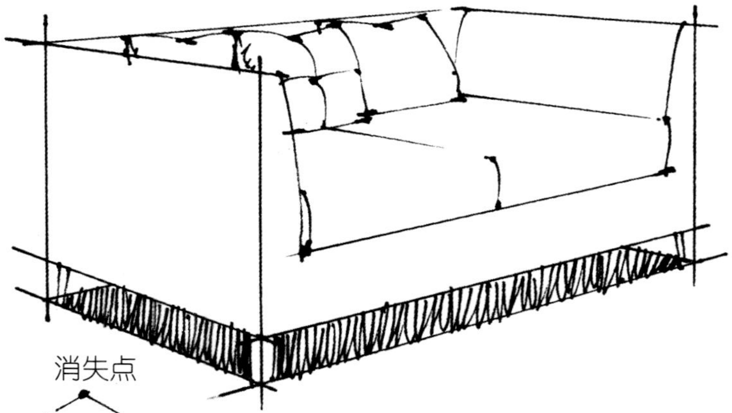
图例7

图例8

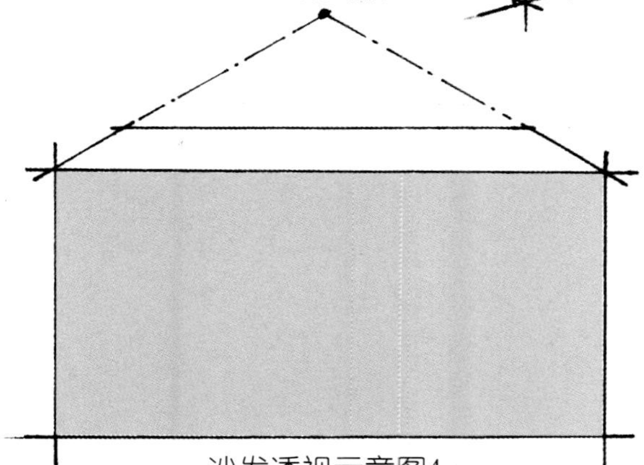

沙发透视示意图4

通过沙发透视示意图4的盒子概念得出基本的沙发形状（图例9），然后再演变成欧式沙发（图例10）。

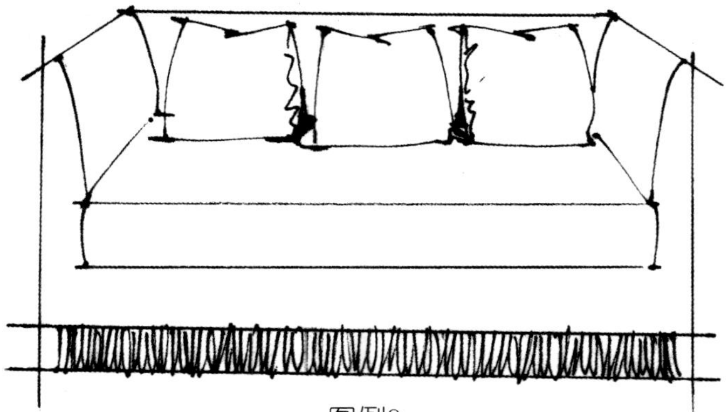
图例9

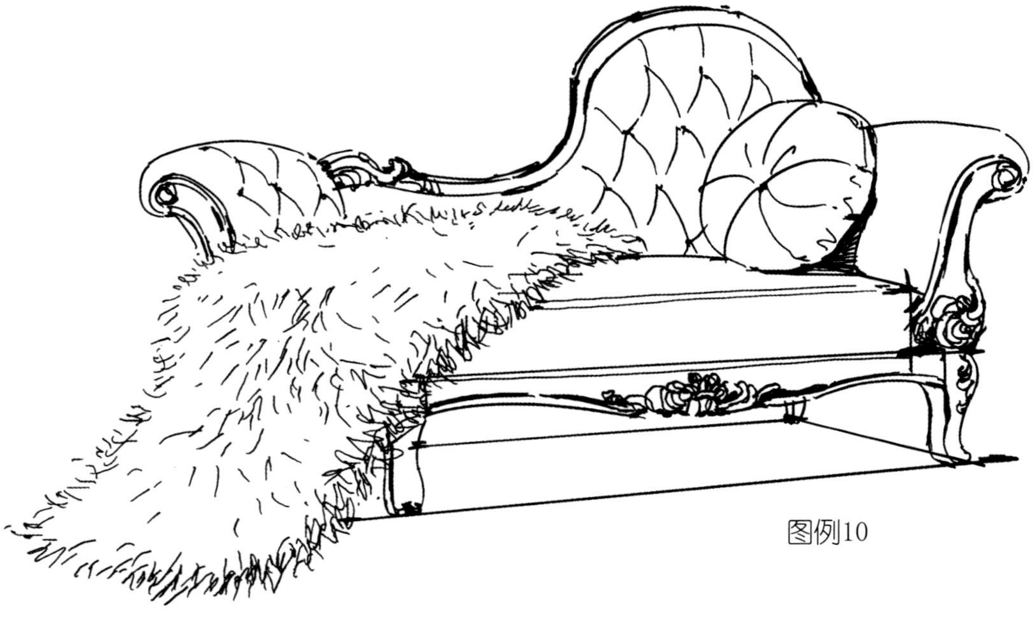
图例10

椅子

椅子单体形状种类极多，但不管它们的形状有多么复杂，都可以通过基本的形状演变出不同角度、不同款式的椅子。根据椅子平面1的角度画出椅子的基本形（图例1），然后演变成不同款式的椅子（图例2和图例3）。

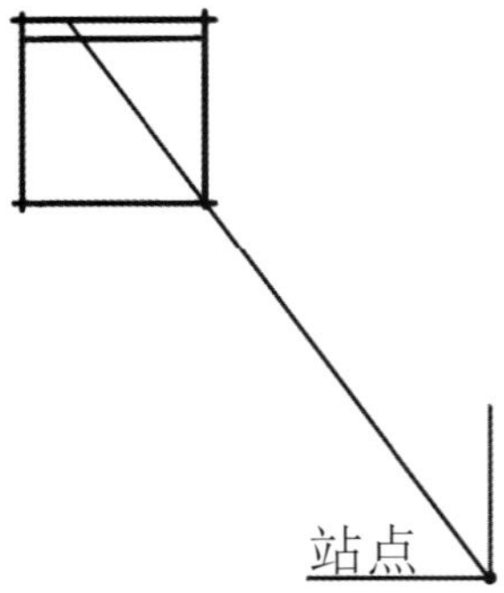

椅子平面1

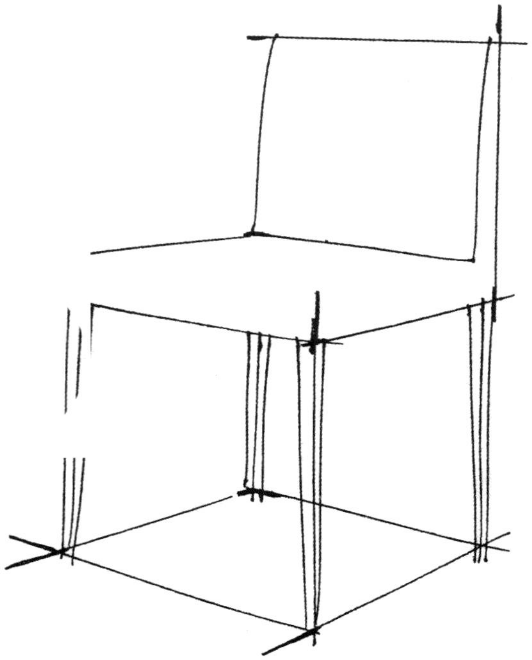

图例1

图例2

图例3

根据椅子平面2的角度画出椅子的基本形（图例4），然后演变成不同款式的椅子（图例5和图例6）。

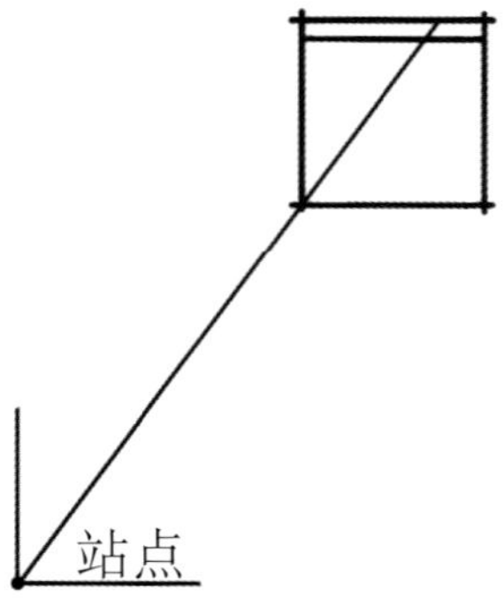

椅子平面2

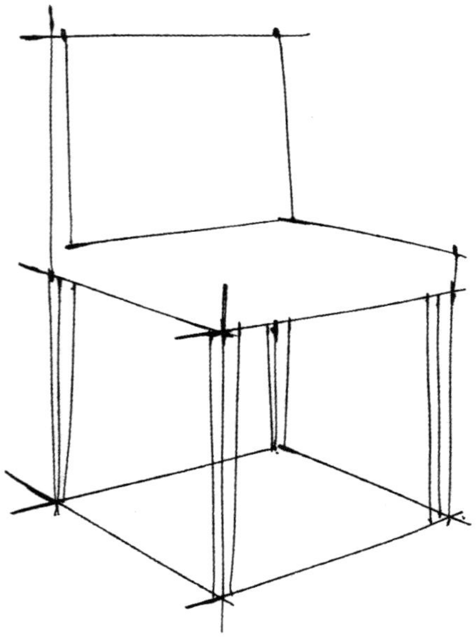

图例4

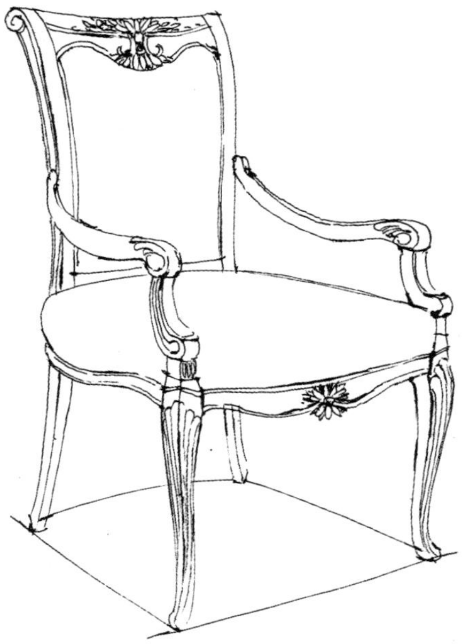

图例5

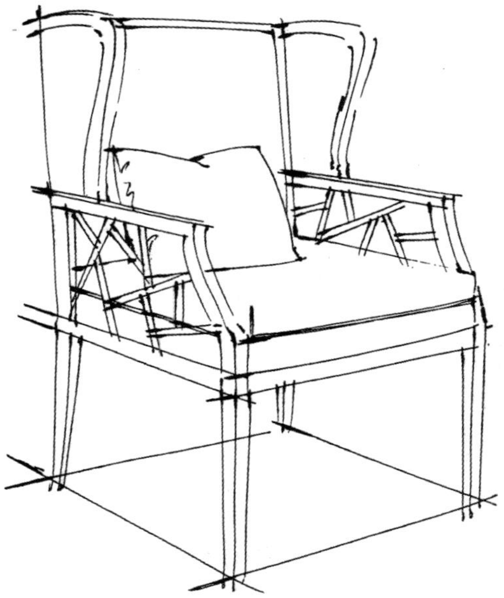

图例6

椅子组合

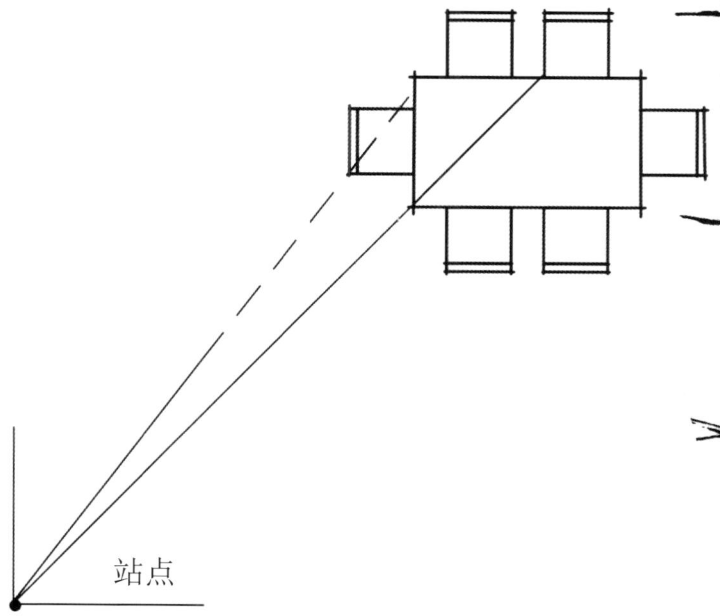

椅子组合平面1

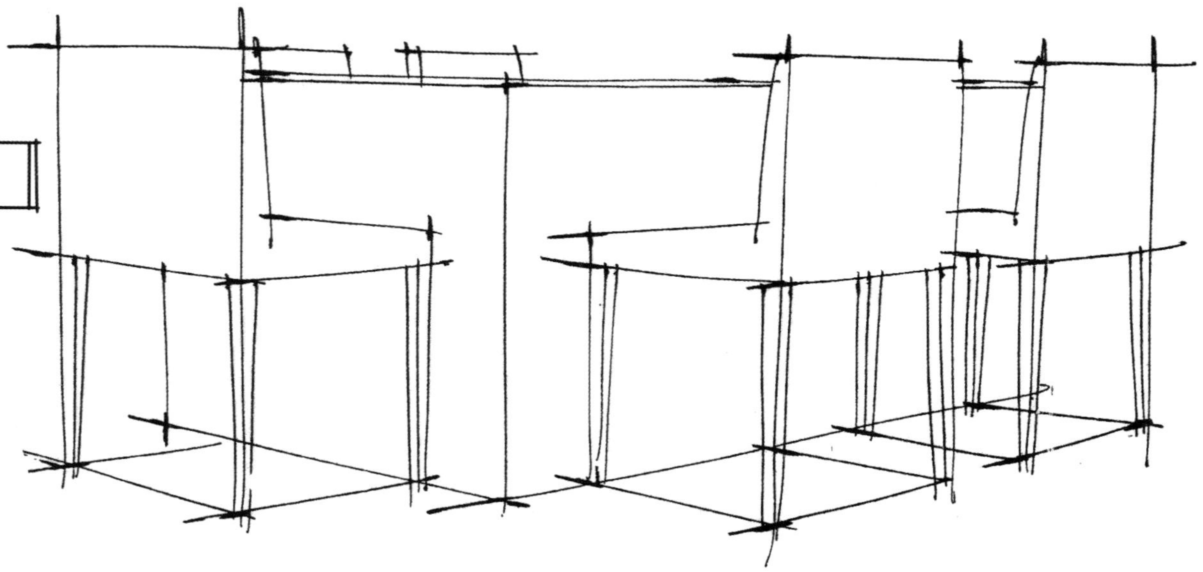

图例7

根据椅子组合平面1的角度画出椅子的基本形（图例7），然后演变成现代中式的椅子组合（图例8）。

注：当学习一个新的物体时，先将它归纳为一个整体方形，再进行一步一步的切分。

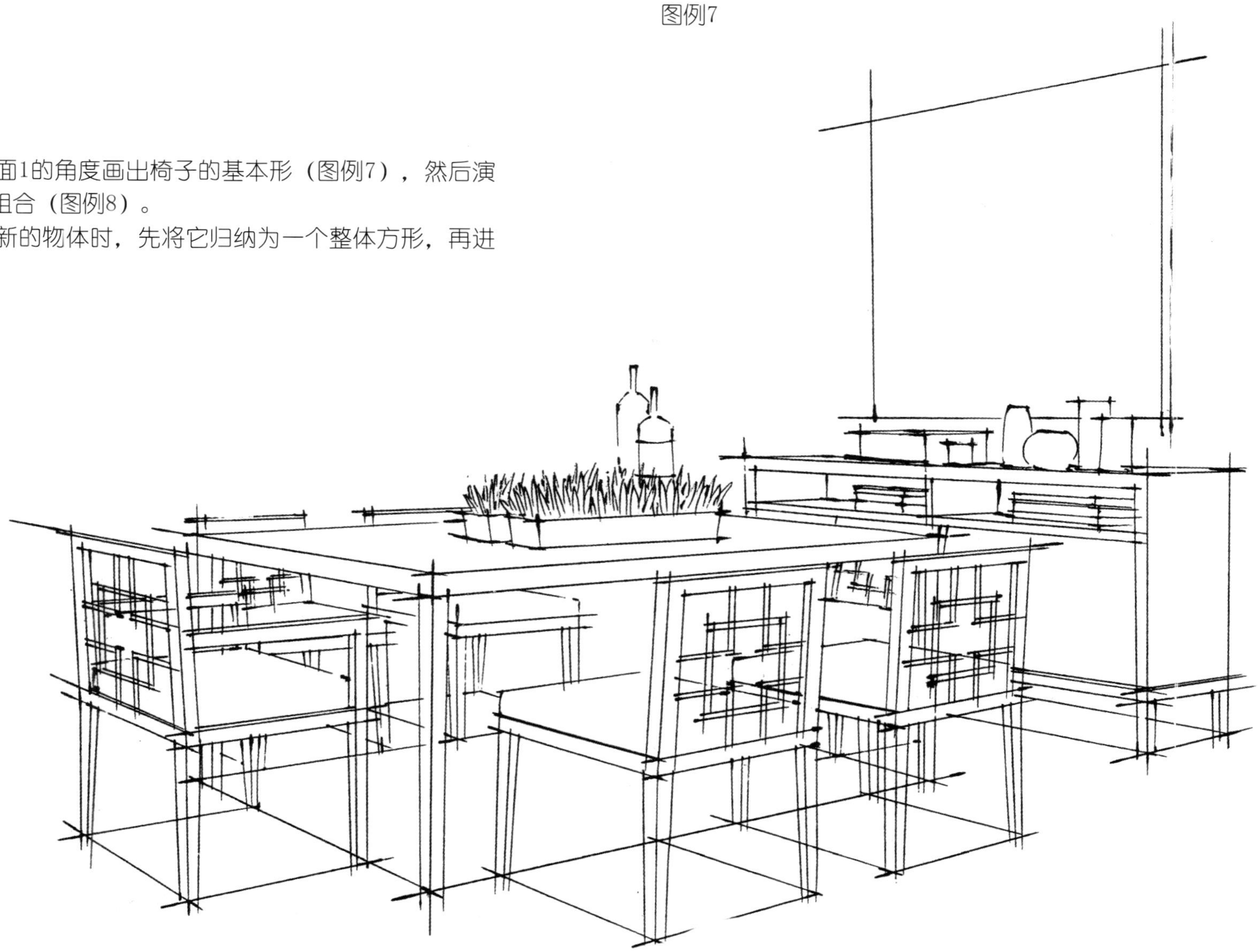

图例8

床

根据床平面1的角度画出床的基本形（图例1），然后再演变成现代欧式床（图例2）。

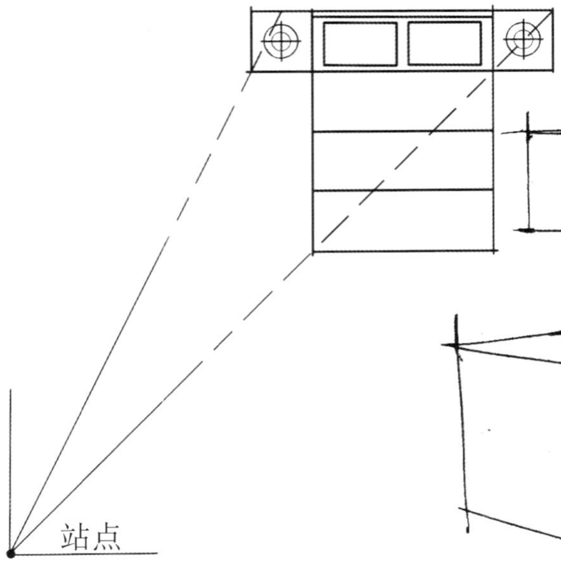

床平面1

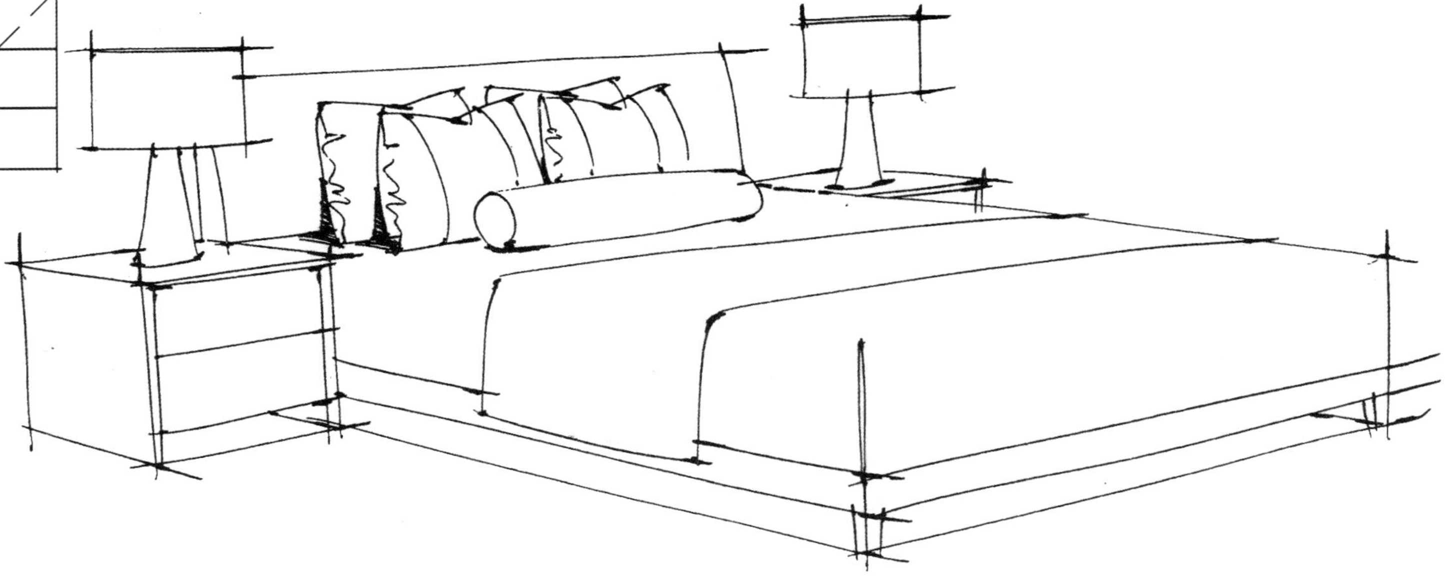

图例1

图例2

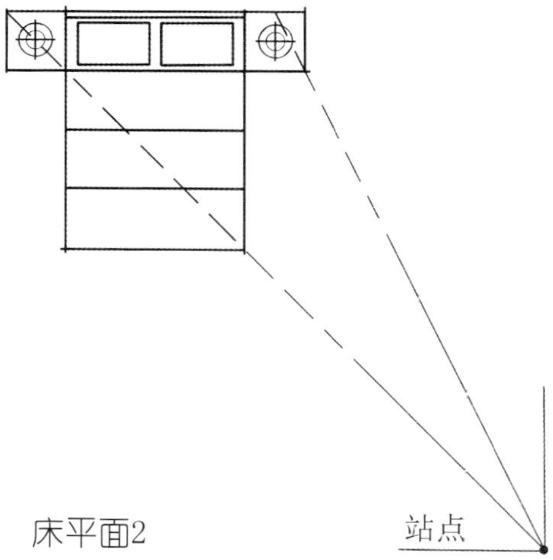

床平面2

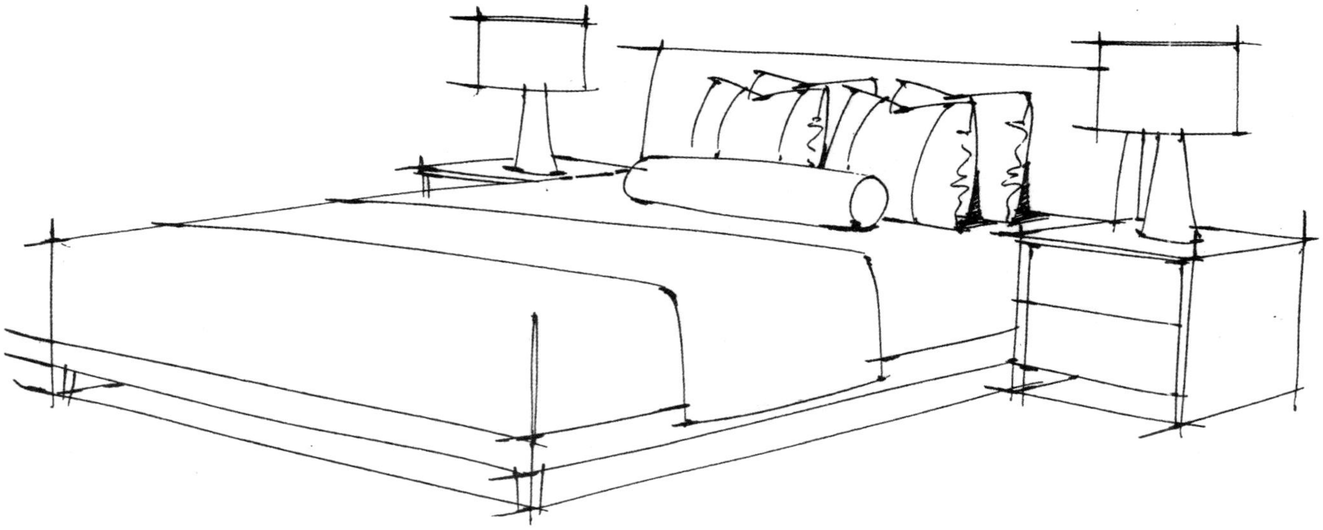

图例3

根据床平面2的角度画出床的基本形（图例3），然后再演变成现代欧式床（图例4）。

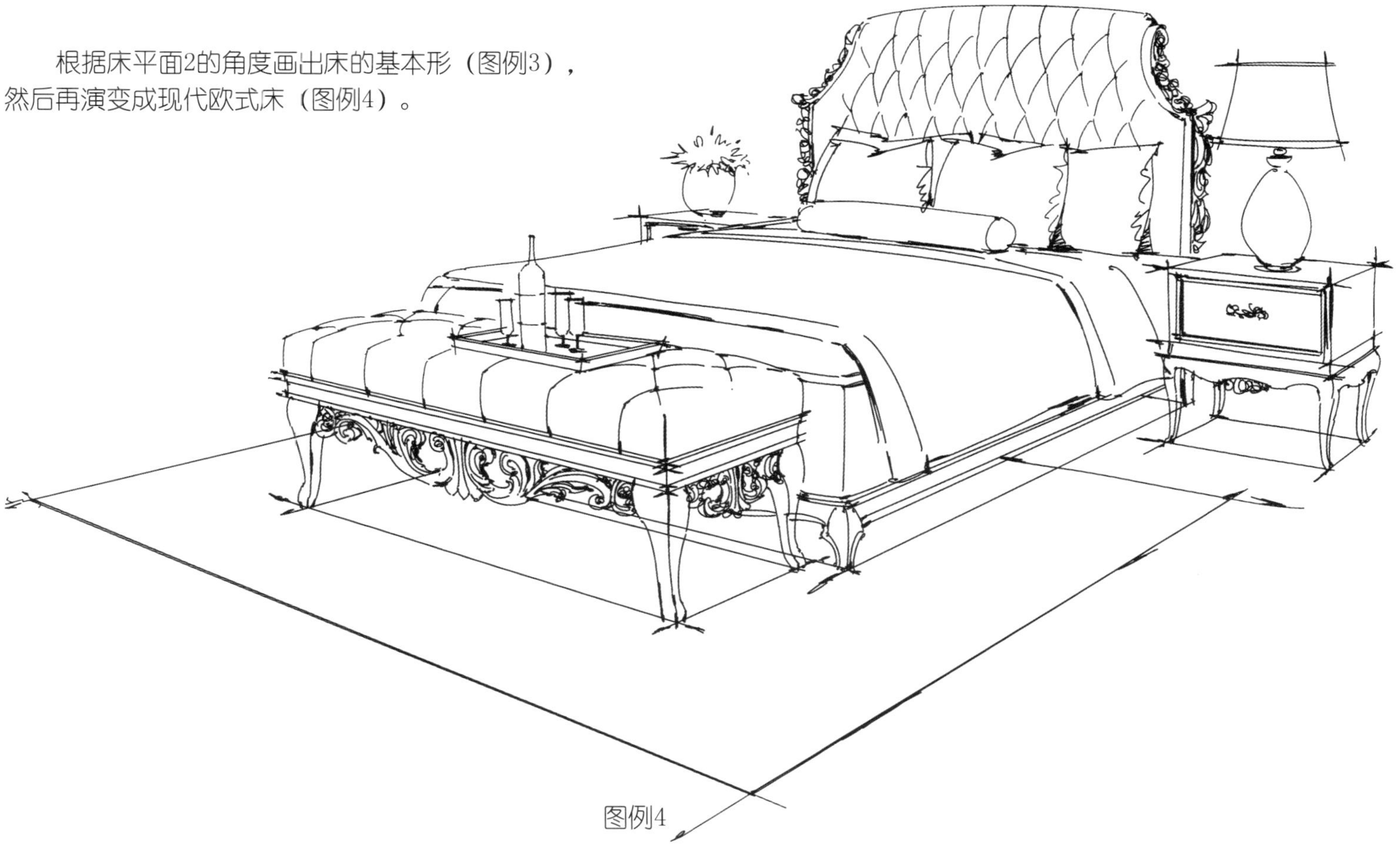

图例4

沙发

根据沙发组合平面1的角度画出沙发的基本形（图例1），然后再演变成沙发（图例2）。

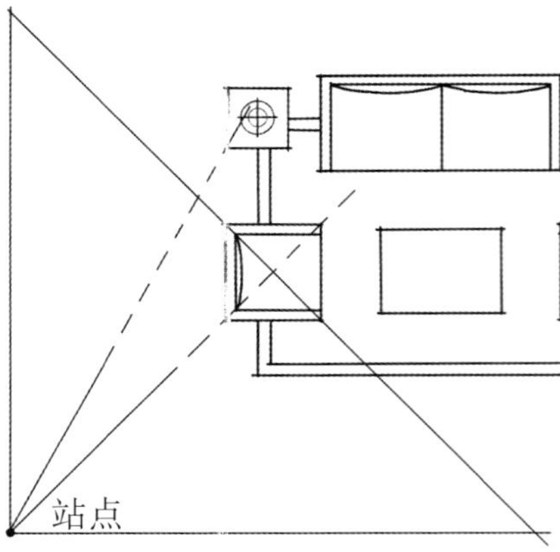

沙发组合平面1

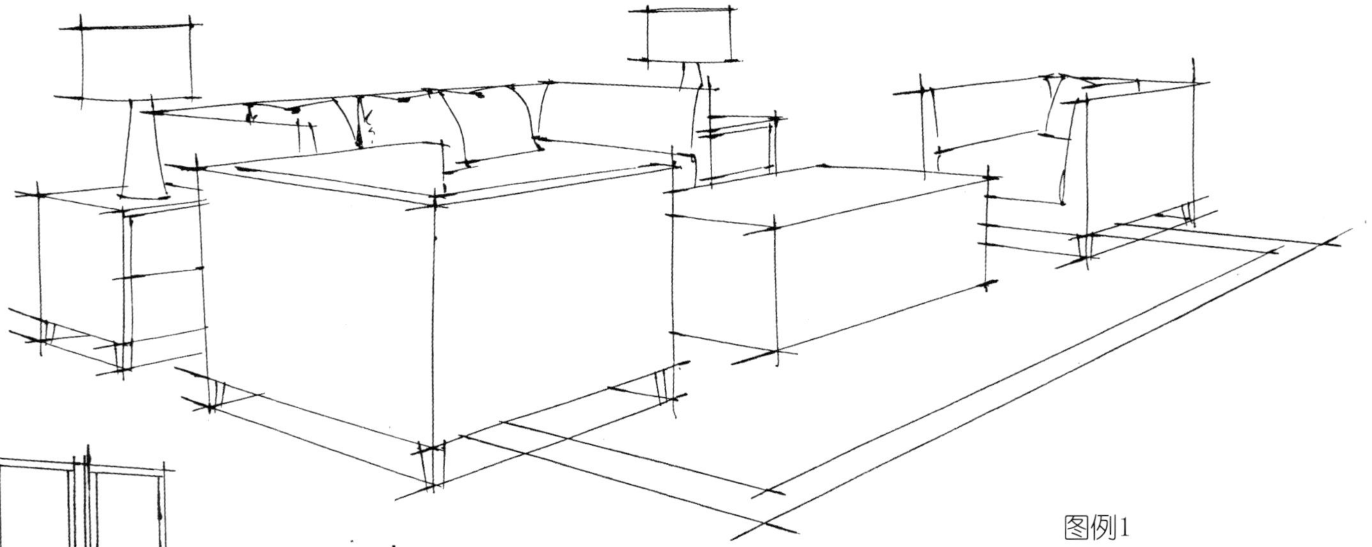

图例1

图例2

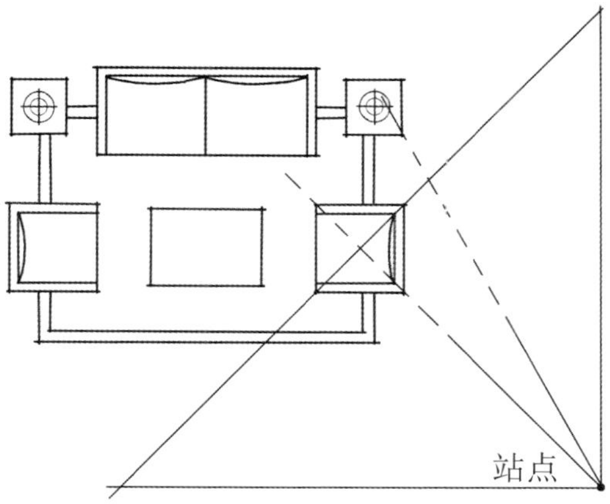

沙发组合平面2

根据沙发组合平面2的角度画出沙发的基本形（图例3），然后再演变成沙发（图例4）。

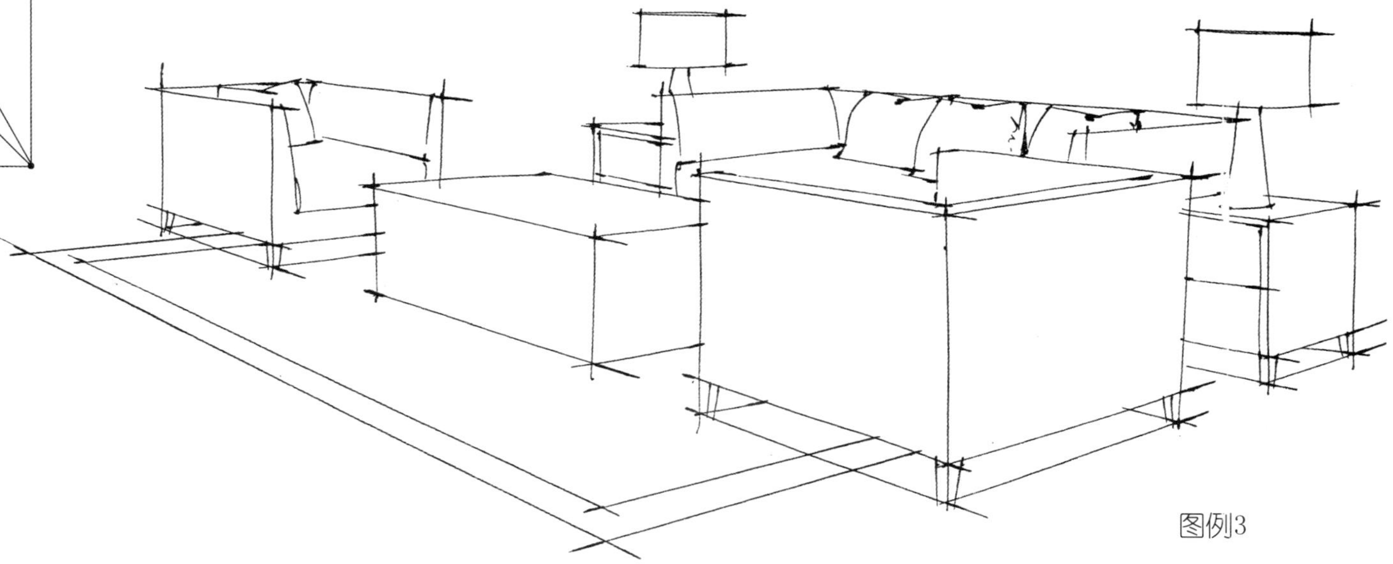

图例3

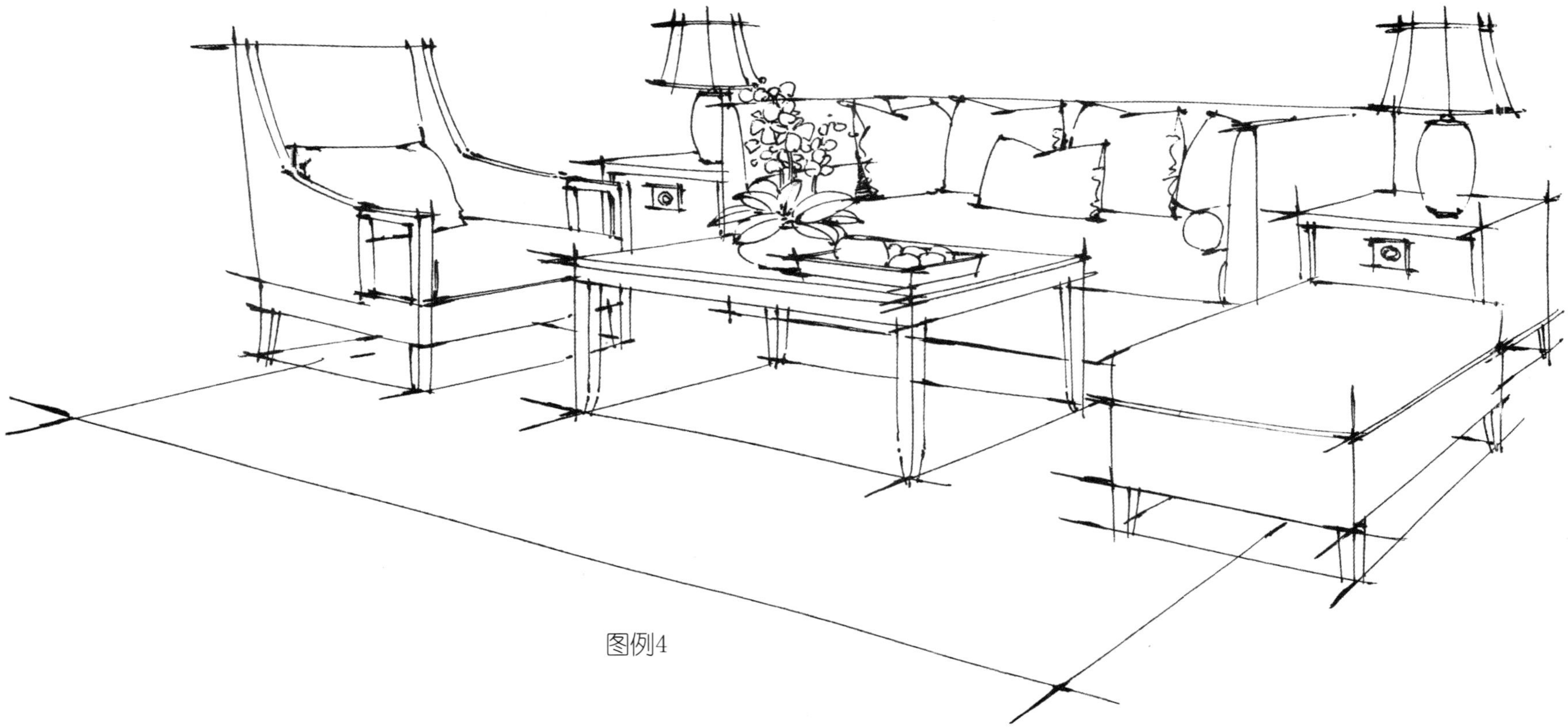

图例4

02 软装线稿画法步骤

推敲 · 思维 · 比例 · 形态

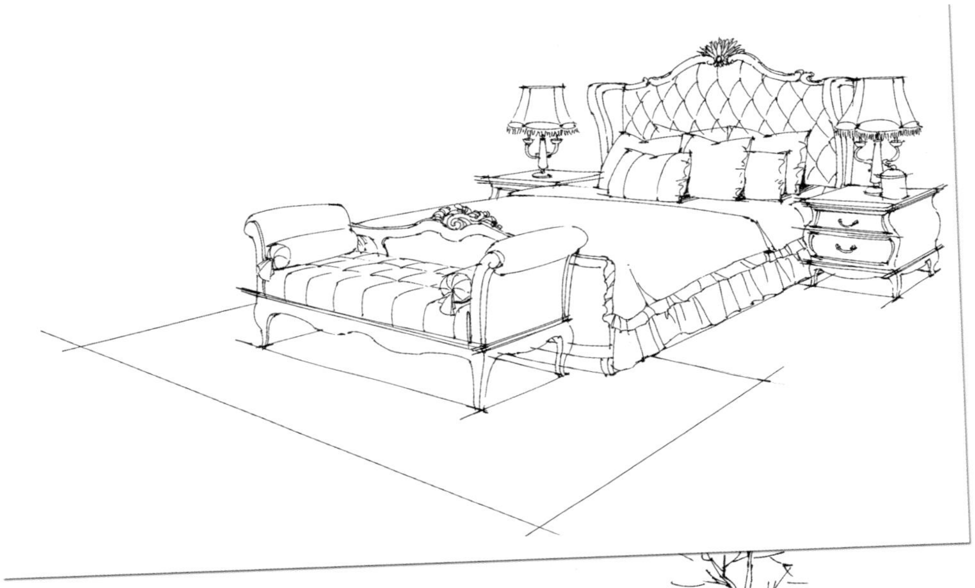

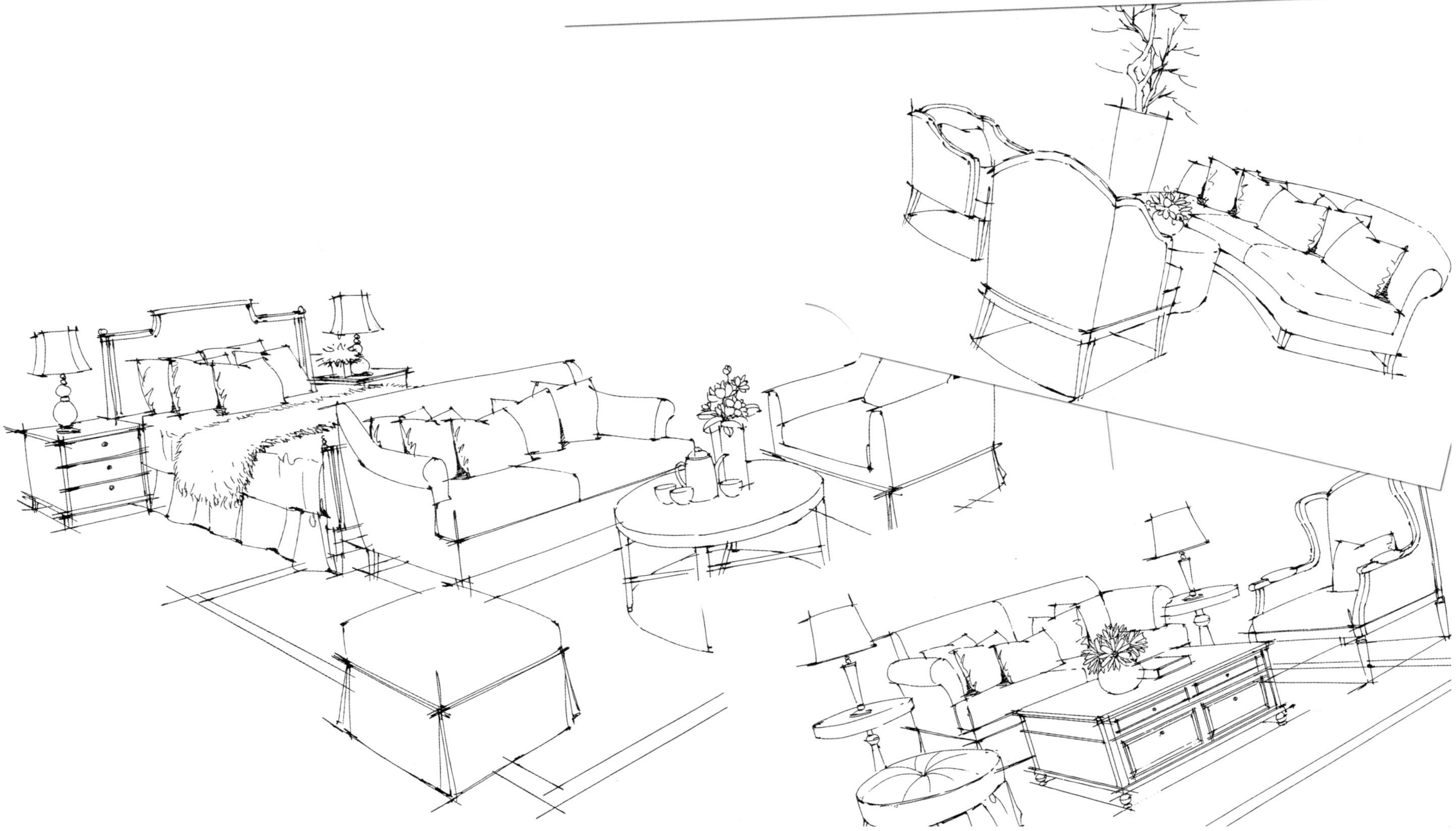

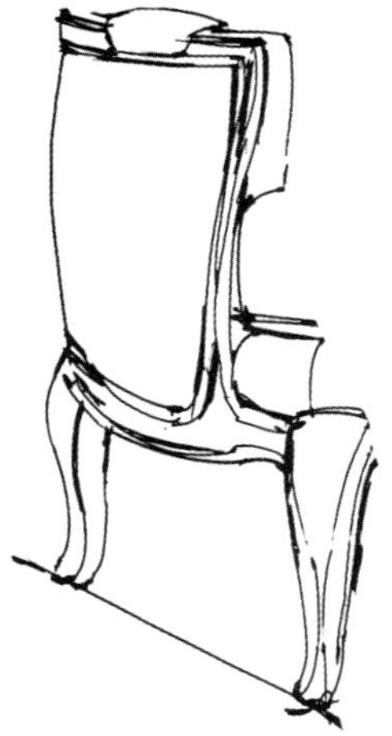

1 先把椅子的左边扶手表现出来，注意质感，大部分的线稿以轻微的弧度为主。

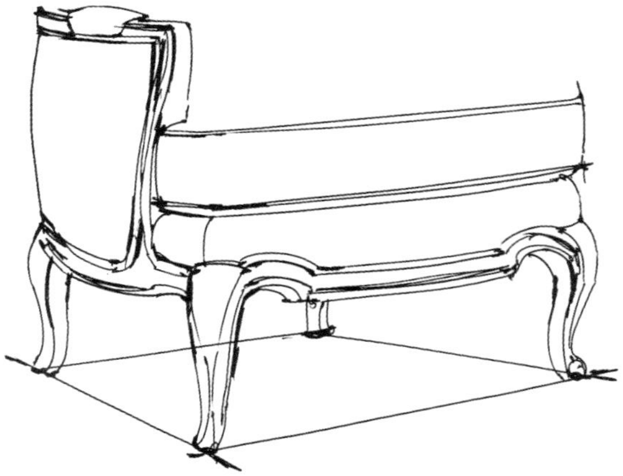

2 把椅子右边的椅脚与坐垫表现出来。

3 通过透视把椅子的右边扶手与枕头表现出来，注意枕头里面的纹理质感表达。

4 最后把椅子的靠背表现出来，注意靠背最上面两边对称的透视关系。

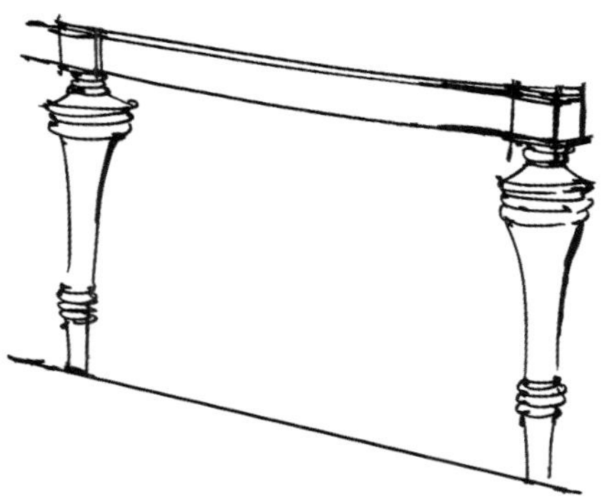

1 把椅子左边的椅子脚表现出来。

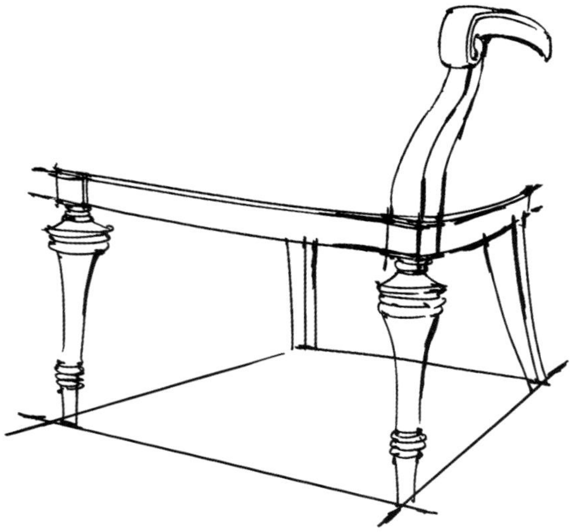

2 根据透视把椅子的右边脚表现出来再加上扶手。

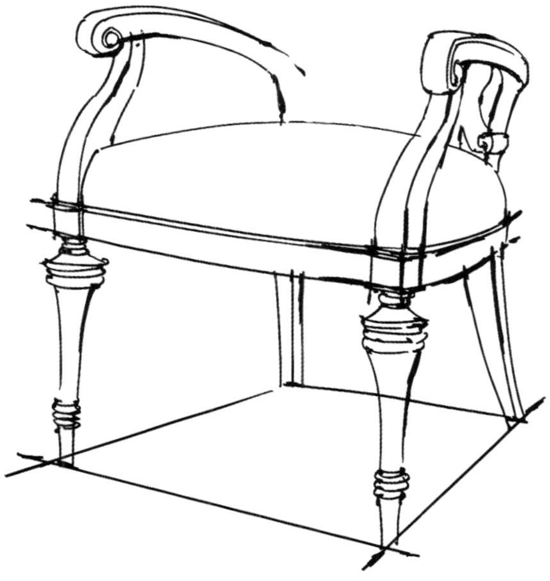

3 把椅子的靠垫与扶手表现出来，注意扶手的透视曲线。

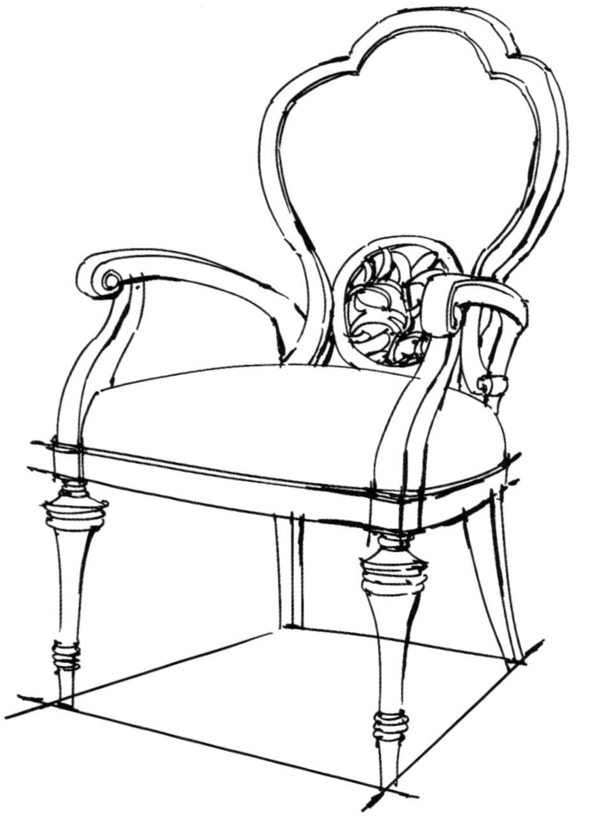

4 最后把椅子的靠背表现出来，注意靠背的弧度曲线表达。

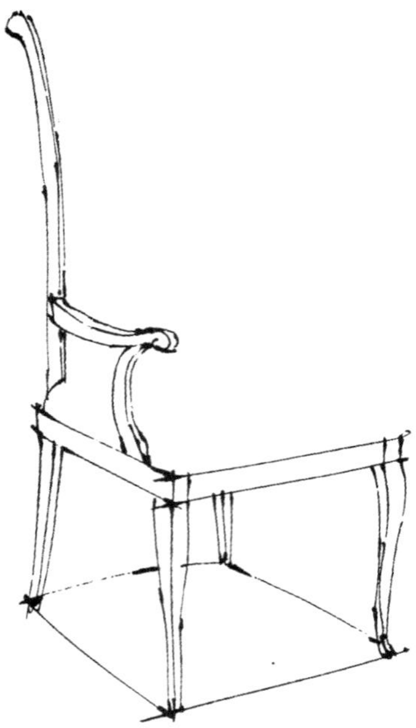

1 先从椅子的左边开始表现，再从底部延伸到上面。

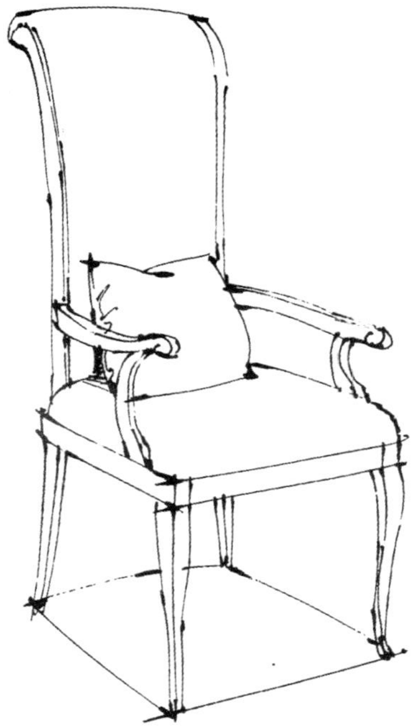

2 把枕头表现出来，然后再把靠背画上去。

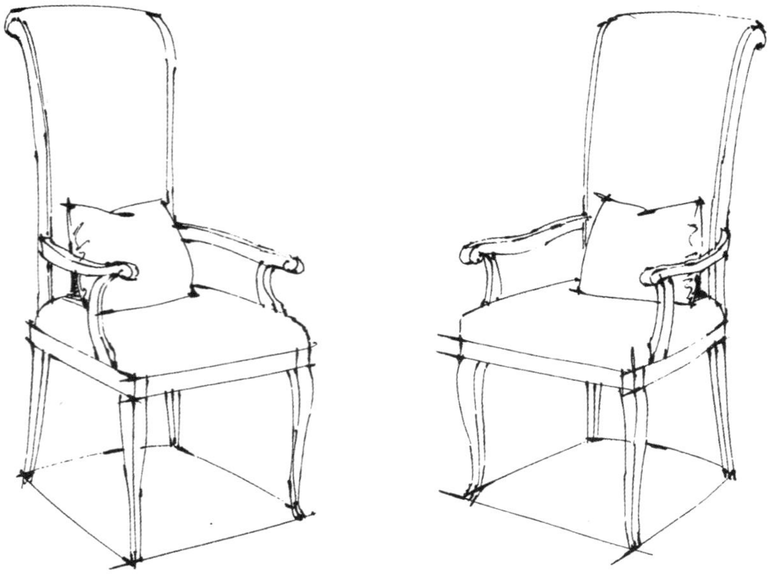

3 把右边的椅子表现出来，由于右边的椅子与左边不是对称的，所以单独有另外两个消失点，但是右边椅子消失点的高度与左边椅子消失点的高度在同一个平行线上。

4 最后把后面的茶几画出来，注意茶几的透视。

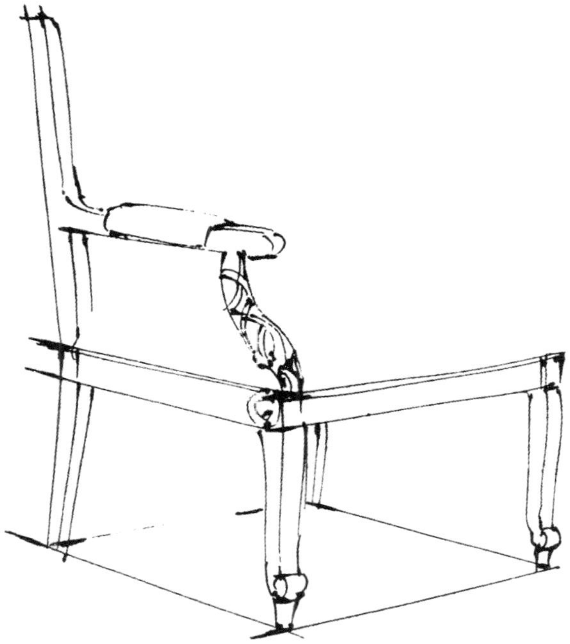

1 先从椅子的左边开始表现，再从底部延伸到上面。

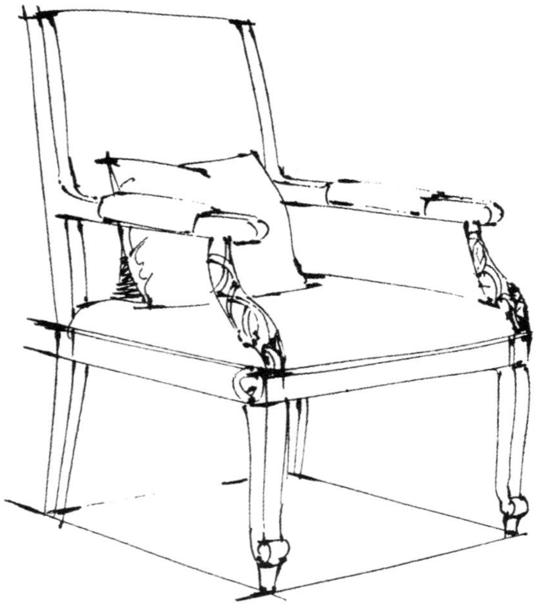

2 把枕头表现出来，然后再把靠背画上去。

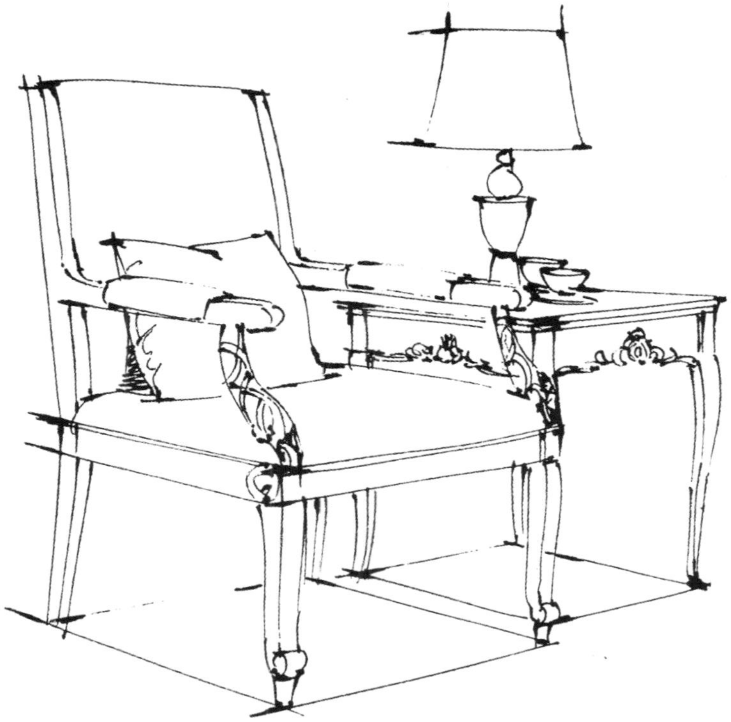

3 根据椅子的透视把茶几与灯具装饰品表现出来。

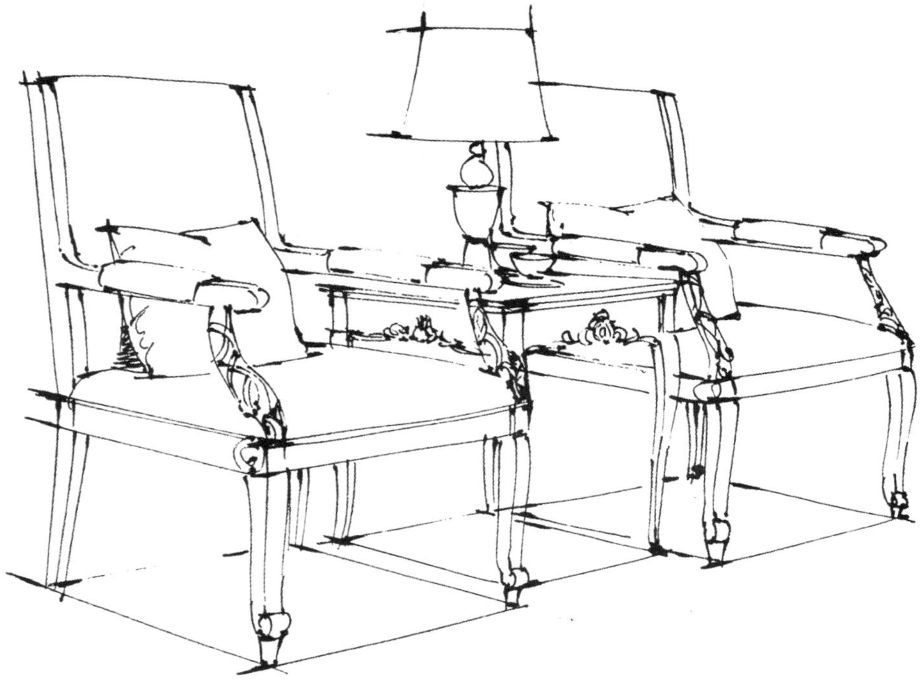

4 最后把最右边的椅子表现出来，但要注意两个椅子近大远小的关系。

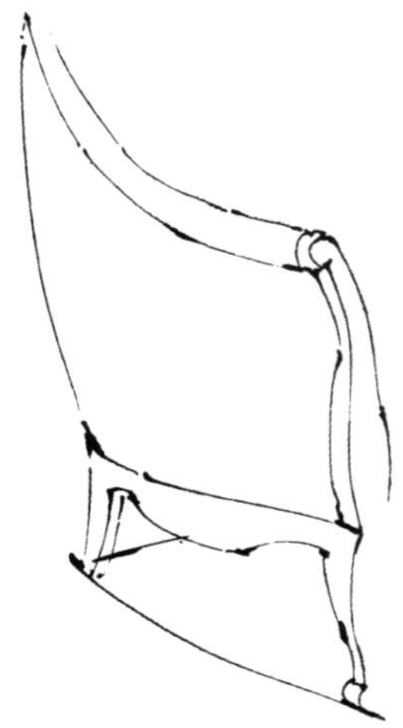

1 先把沙发左边的扶手表现出来，注意扶手弧度的流畅性。

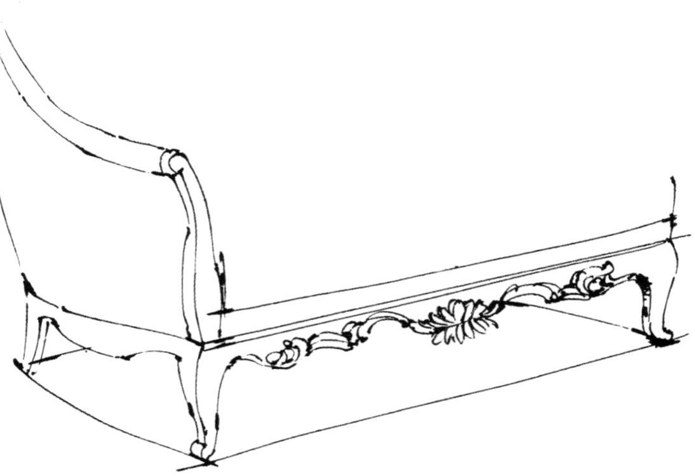

2 根据透视把右边的坐垫与沙发脚跟雕花表现出来，注意雕花的对称与透视关系。

3 把沙发的枕头表现出来，注意枕头的曲线弧度美，下笔要轻松随意。

4 最后把沙发的靠背表现出来，注意靠背的对称与透视关系。

1 我们画图习惯从左边到右边，所以先把沙发这边的扶手与坐垫这些表现出来。

2 根据透视把右边的沙发部分表现出来。

3 把沙发的枕头表现出来，注意枕头的曲线弧度美，下笔要轻松随意。

4 最后把沙发的靠背表现出来，注意靠背的对称与透视关系，注意沙发靠背软包的透视与比例，可以先定好大概的位置然后再表现。

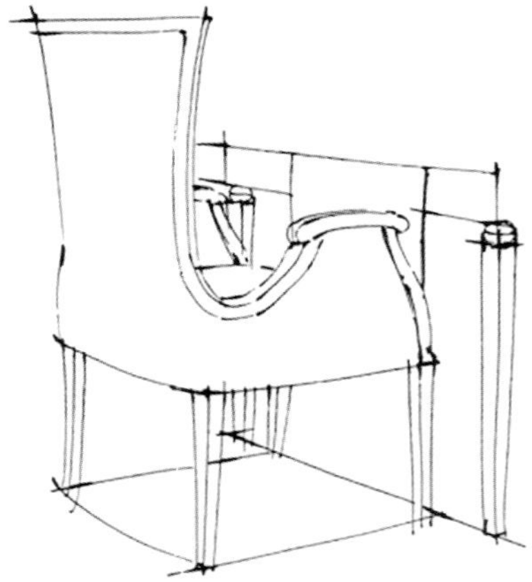

1 先把最左边的现代欧式椅子表现出来。

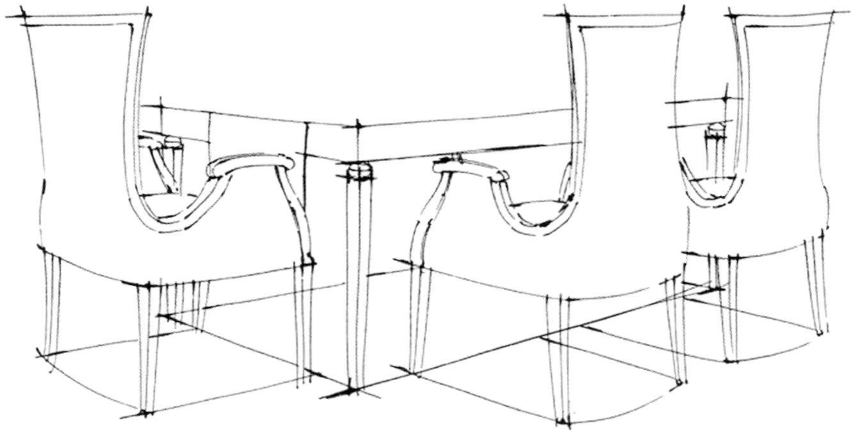

2 右边的两张现代欧式椅子的透视可以参考左边的那张椅子的透视，徒手表现的透视感相对会准确点。

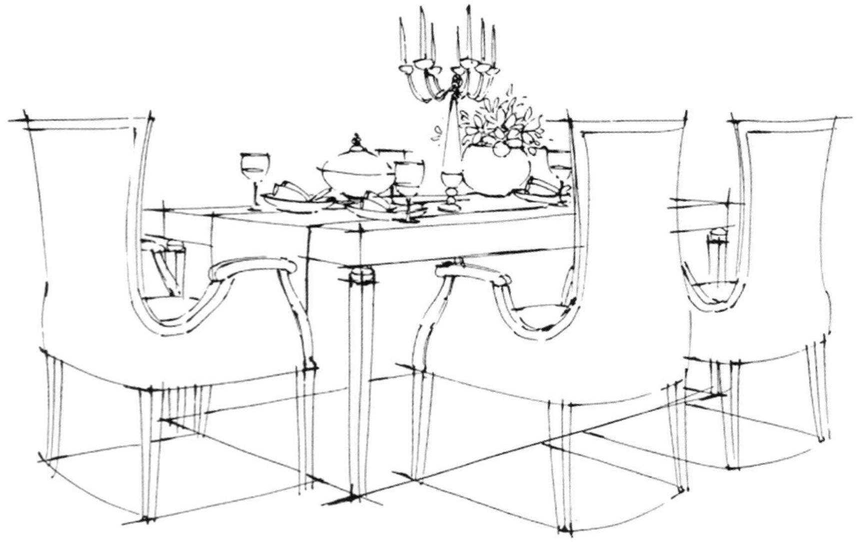

3 表现出餐桌上的装饰品，注意装饰品曲线的流畅度与整体的比例相结合。

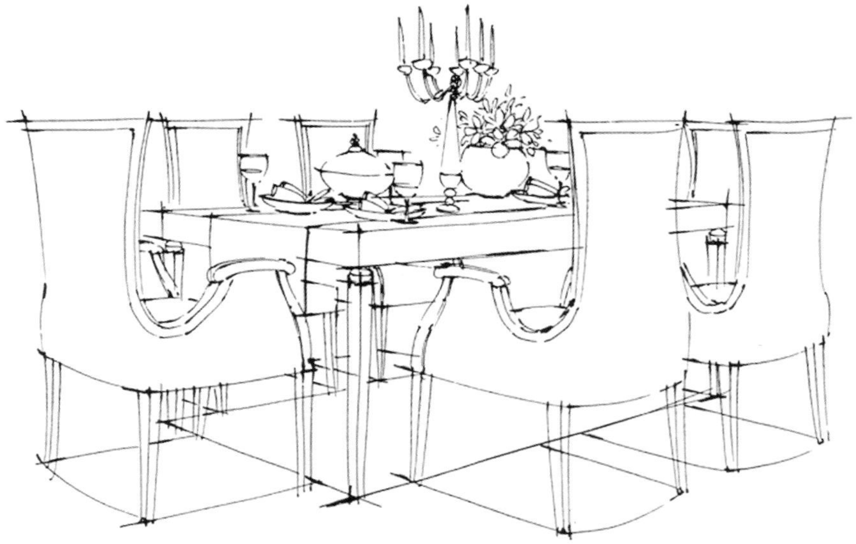

4 最后面的两个椅子，如果想把透视把握好，我们习惯性地会把那两张椅子的地面阴影部分先画出来，然后再往上面延伸。

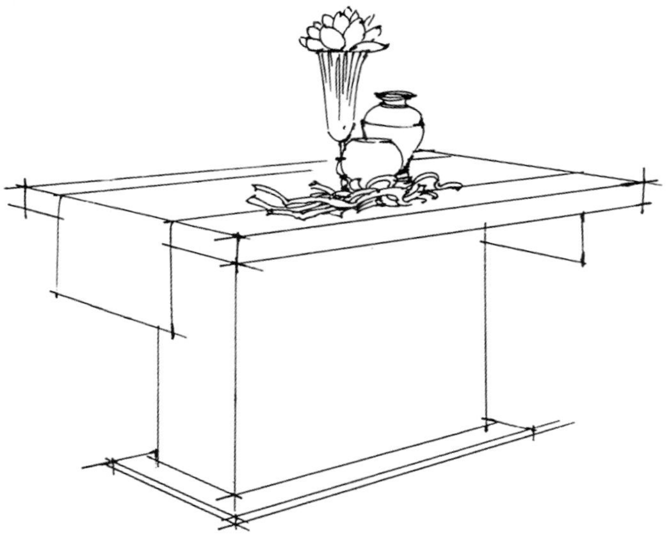

1 先把餐桌与装饰品表现出来，注意整体的透视感。

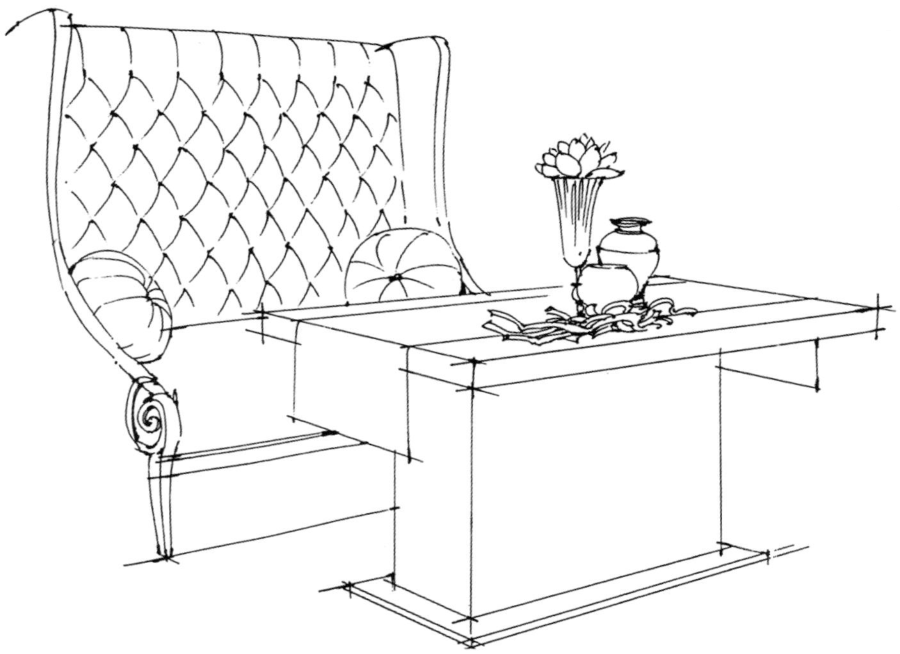

2 参考餐桌的透视把沙发表现出来，软包可以先轻轻地定好大概的透视与大小的小点，然后再把它们连接起来，注意曲线的流畅度，不能过硬与死板。

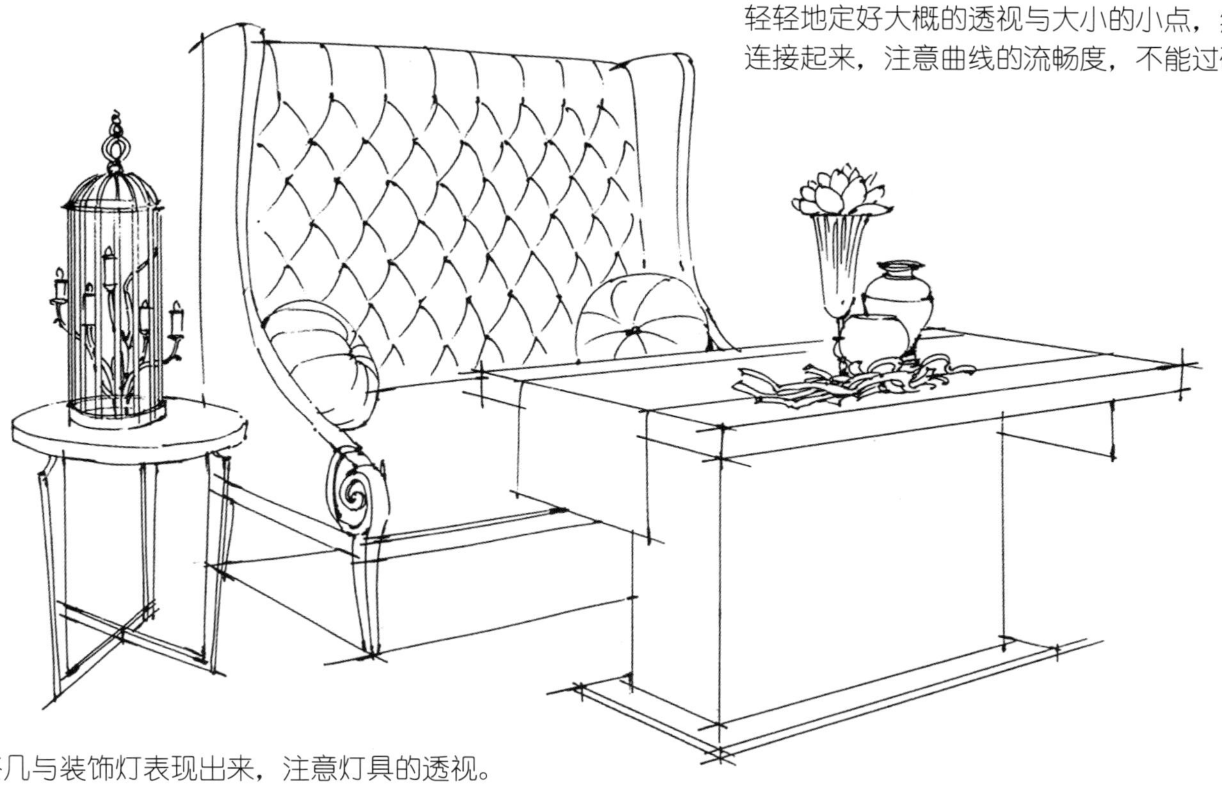

3 最后把小茶几与装饰灯表现出来，注意灯具的透视。

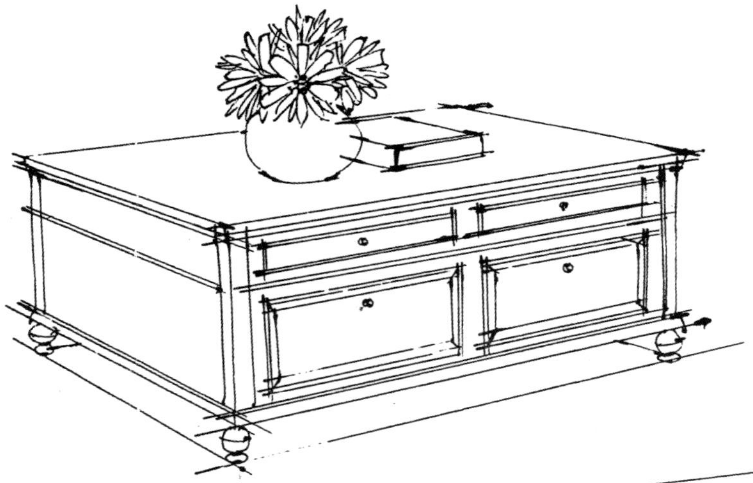

1 先把茶几与装饰品表现出来。

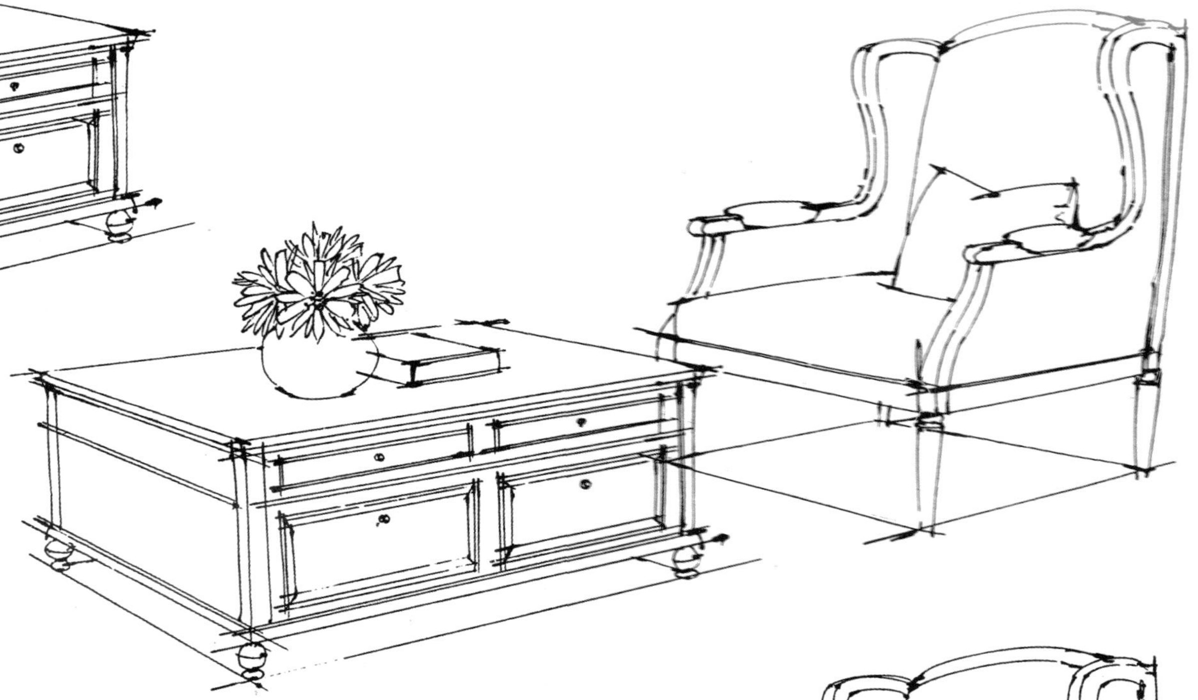

2 根据透视把右边的沙发表现出来，注意沙发扶手的弧度，可以把曲线分段画，这样比较容易把握它们的平行感。

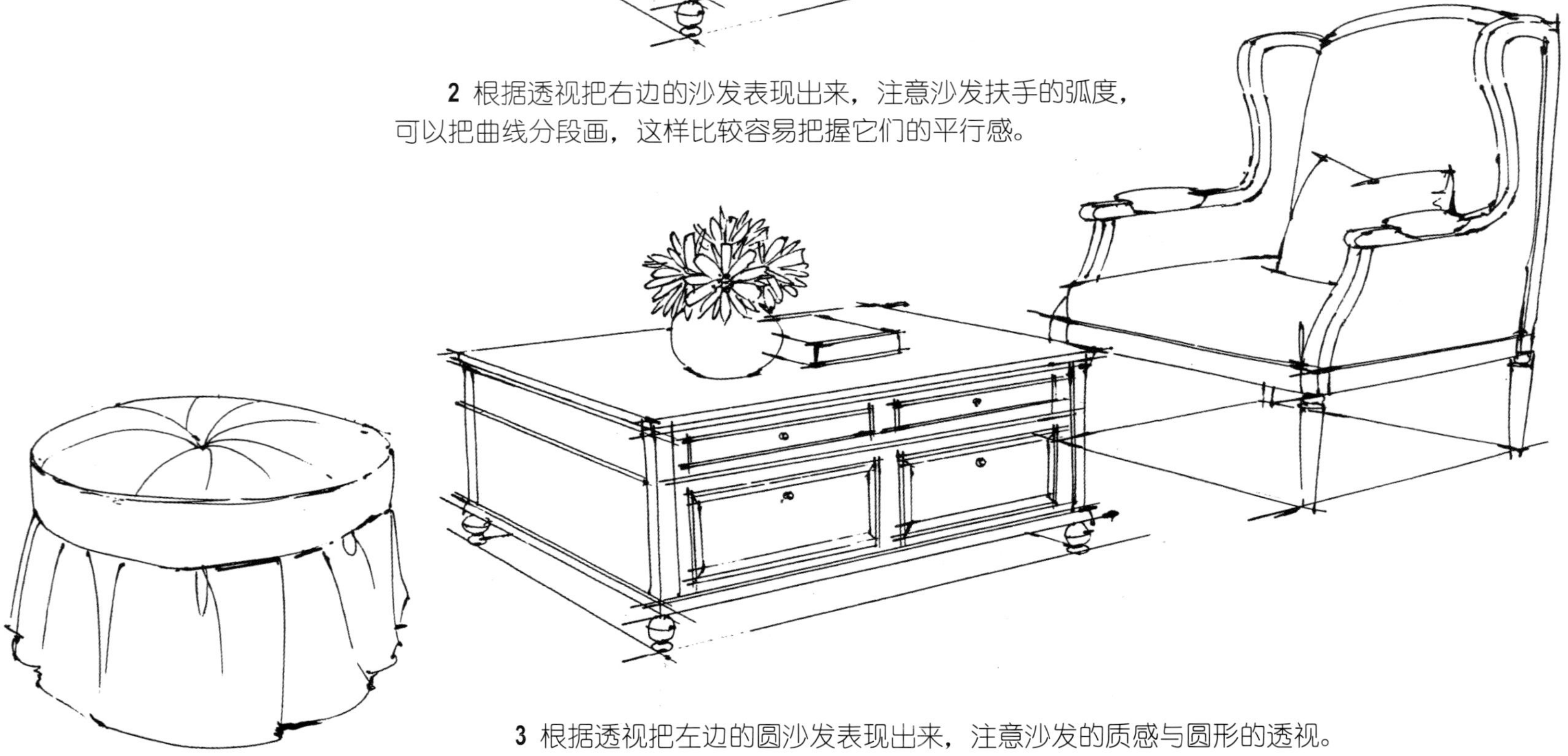

3 根据透视把左边的圆沙发表现出来，注意沙发的质感与圆形的透视。

4 根据透视把后面的双人沙发表现出来，注意布艺沙发的质感，多用轻微弧度的曲线。

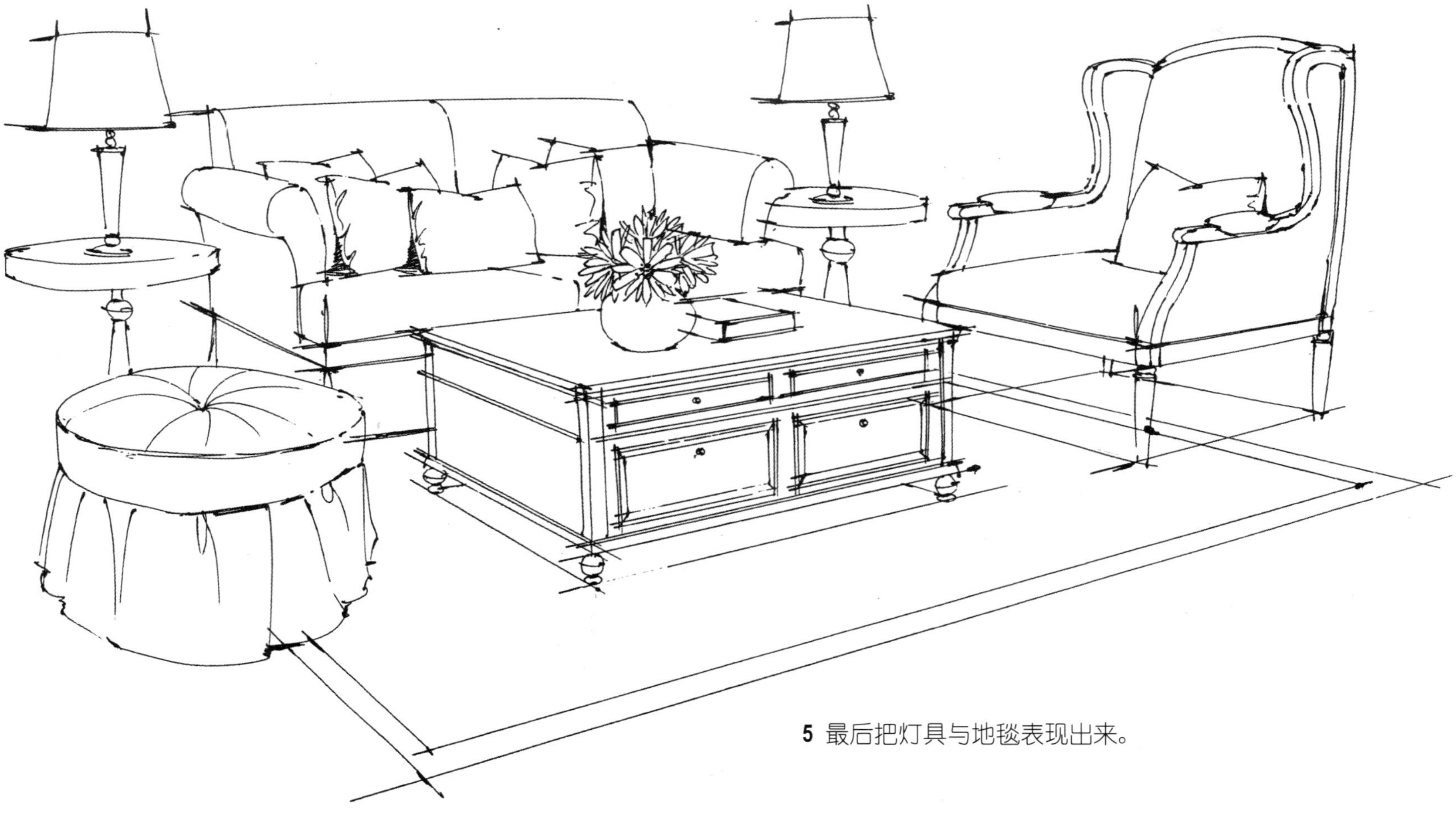

5 最后把灯具与地毯表现出来。

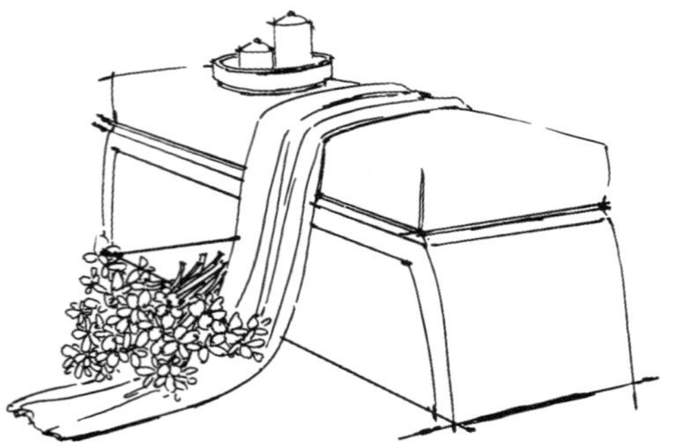

1 把床的脚踏与装饰品表现出来，注意质感，布艺用笔要柔软、流畅。

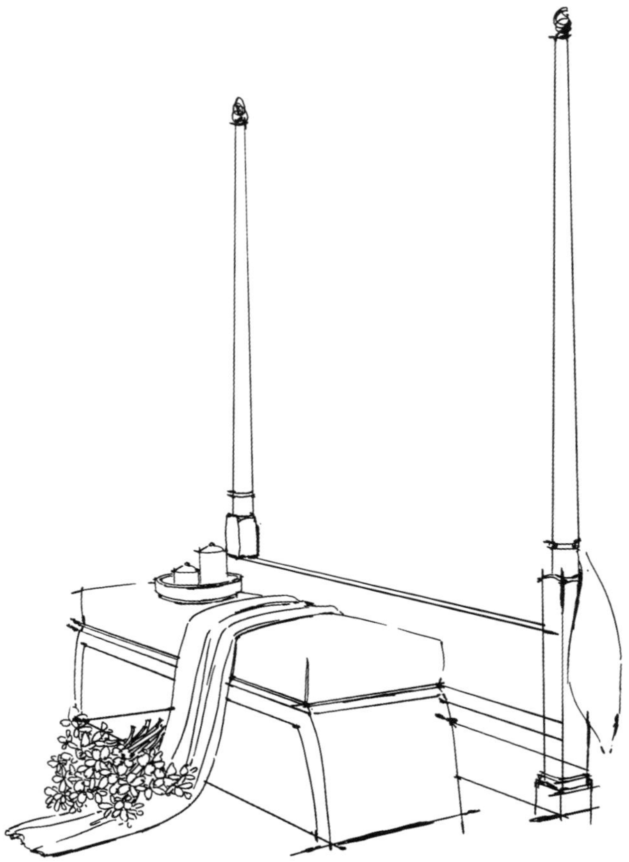

2 把床尾的床架表现出来，由于床架的材质是木质的，所以用线要硬些。

3 根据透视把床单表现出来，要注意床单的柔软（这里就考虑到个人曲线基础的问题啦），如果曲线练习得好，那么在床单方面就能做到轻、快与流畅。

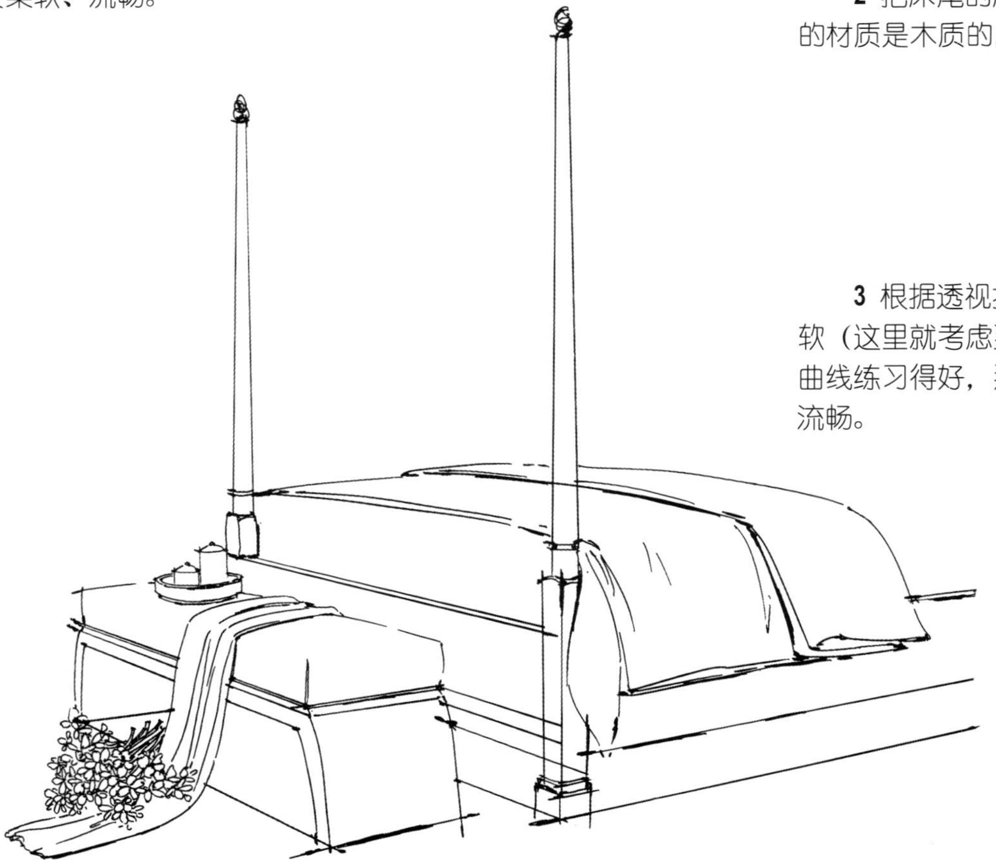

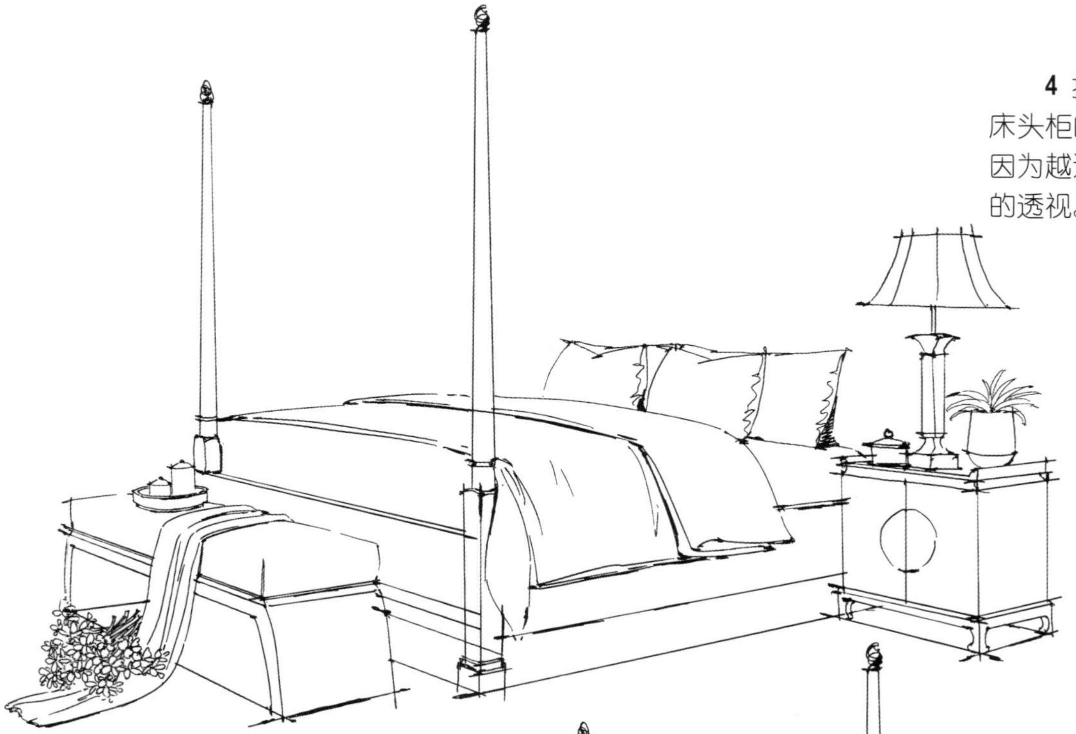

4 把床头柜、装饰品与枕头表现出来。床头柜的透视可以参考床的被单跟着延伸，因为越近的线条间越接近平行，但是有轻微的透视。

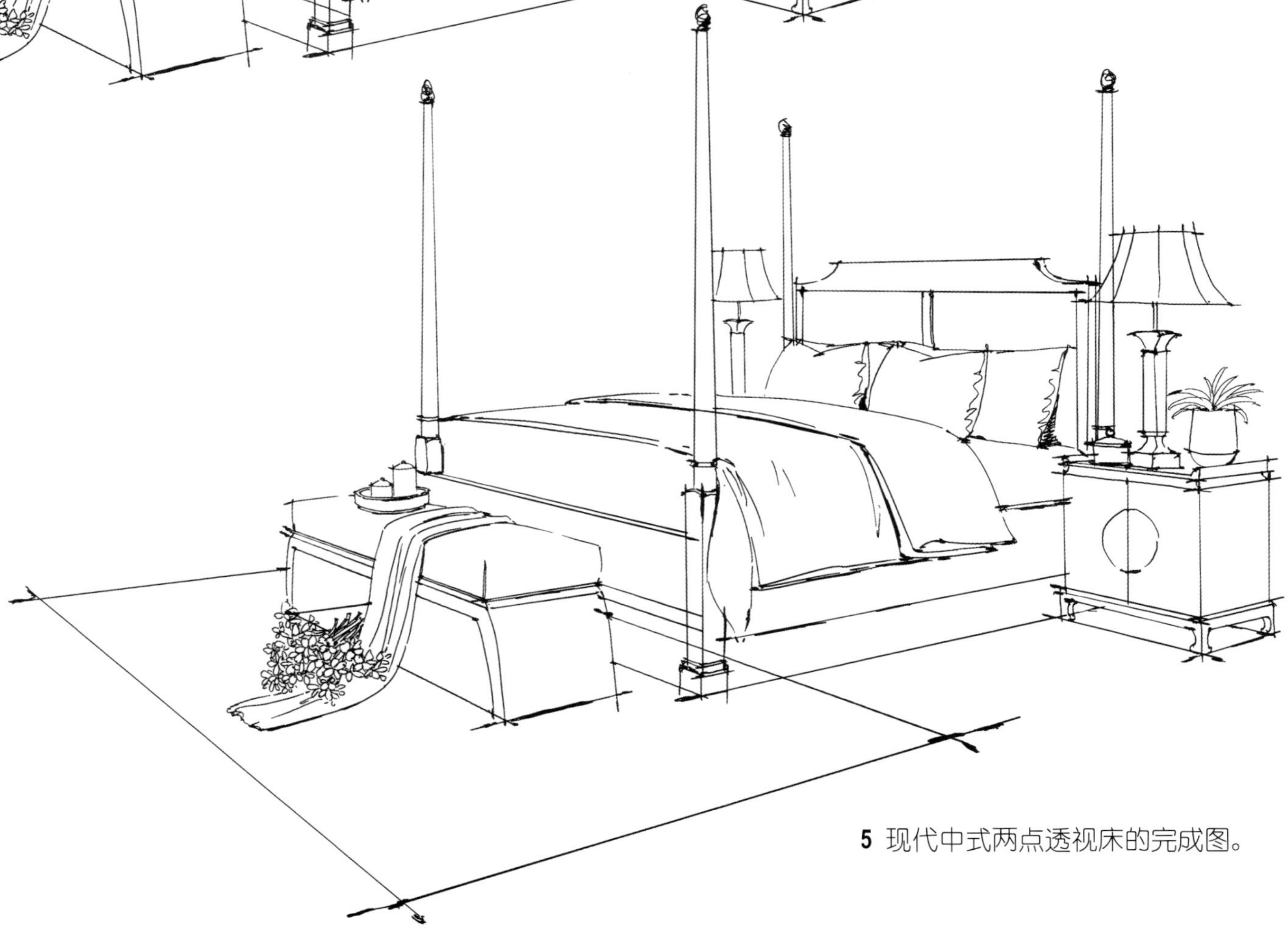

5 现代中式两点透视床的完成图。

1 先把茶几与装饰品表现出来，注意茶几的透视，离视平线越近，圆看到的面就越小，所以阴影部分比茶几面要大。

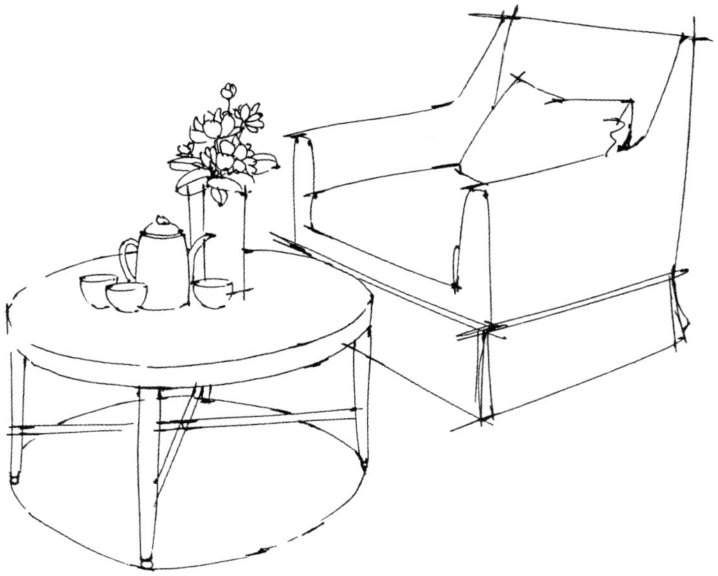

2 根据透视把右边的沙发表现出来，注意这是布艺沙发，所以不能用太直的线条。要带轻微的弧度，可以表现出沙发的质感。

3 根据透视把整个沙发组合表现出来。

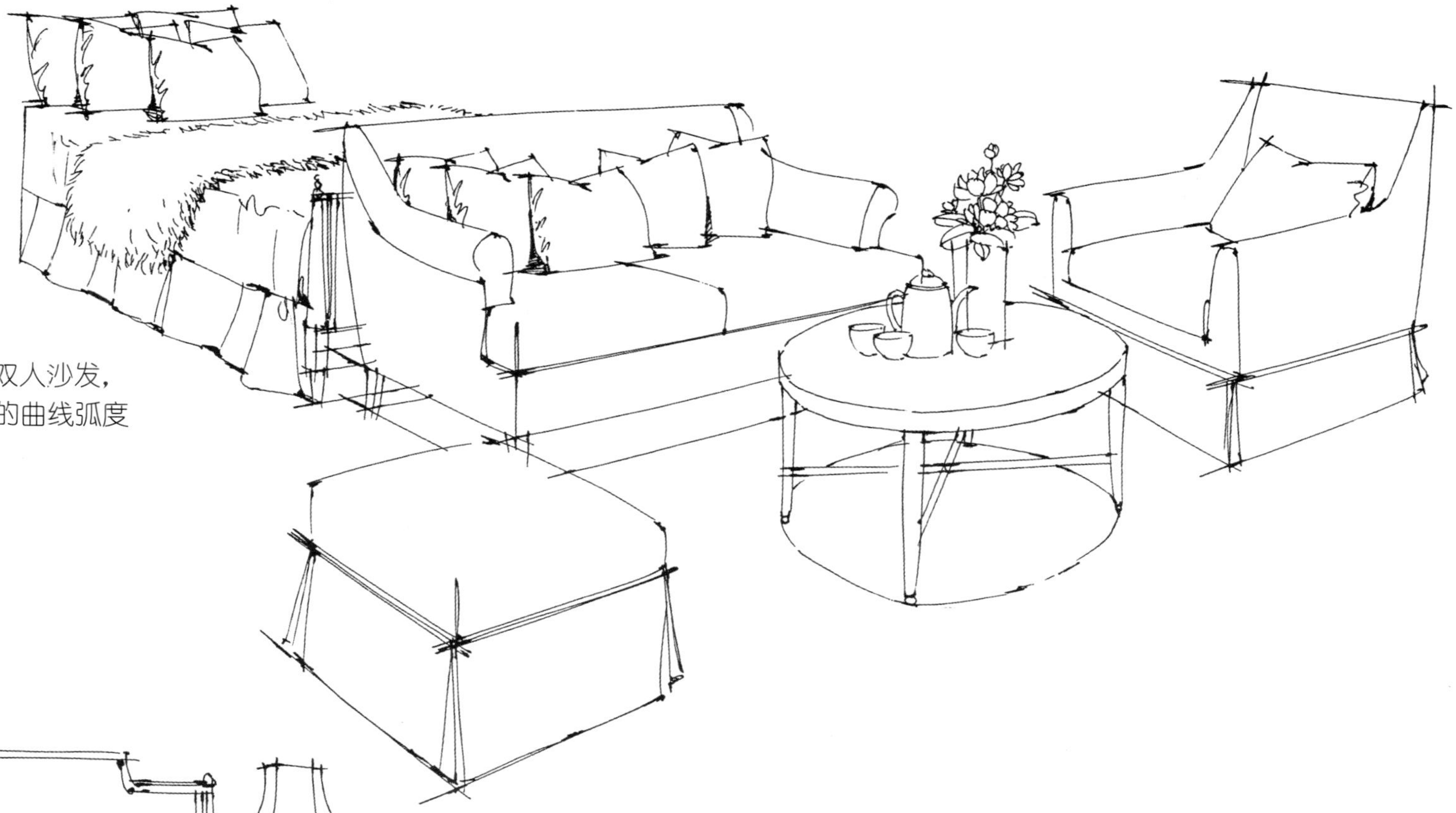

4 床的透视可以参考双人沙发，注意床单的质感，以轻微的曲线弧度为主。

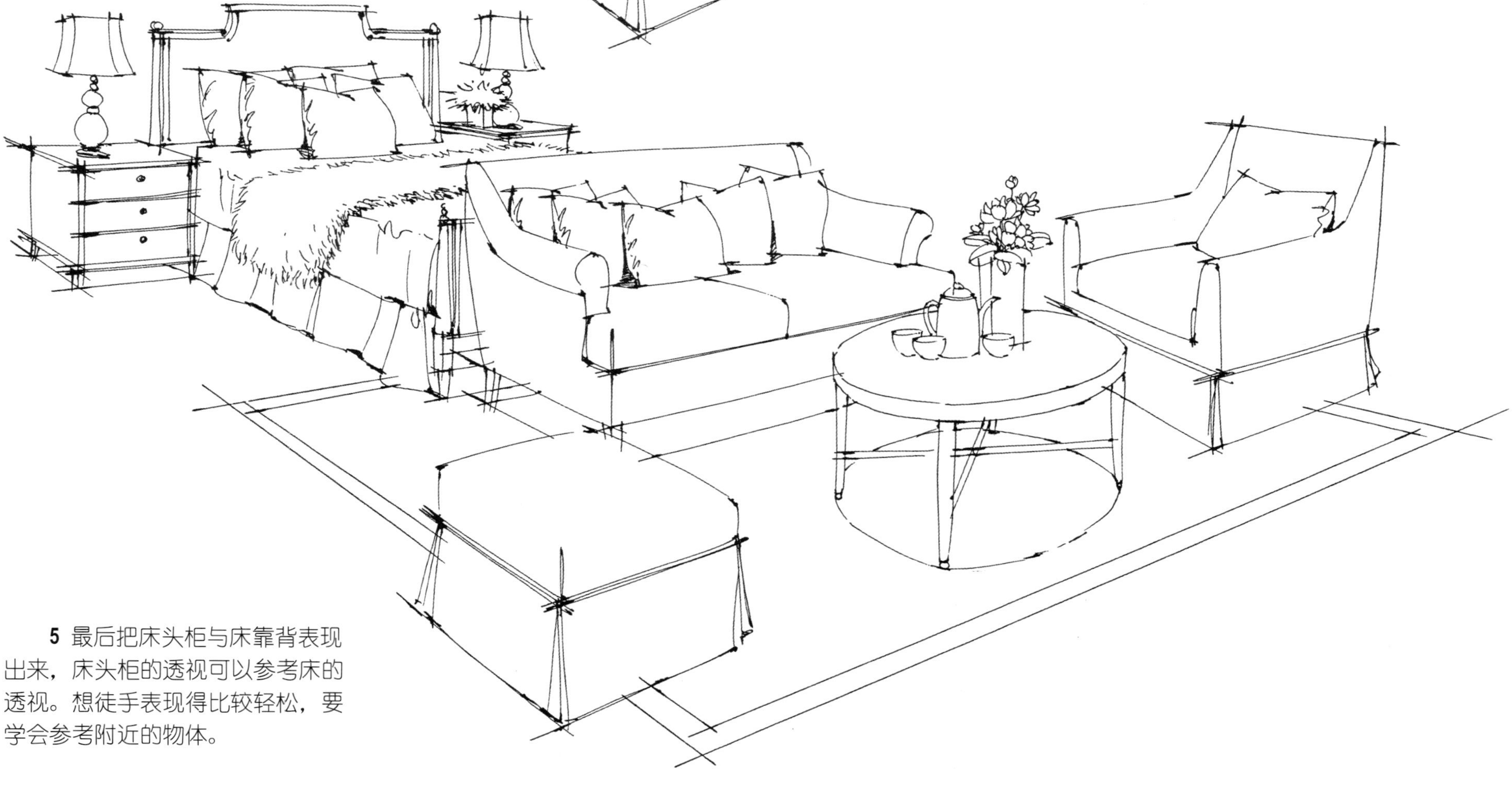

5 最后把床头柜与床靠背表现出来，床头柜的透视可以参考床的透视。想徒手表现得比较轻松，要学会参考附近的物体。

软装线稿示范

03

造型构思 · 快速记录 · 深化表现

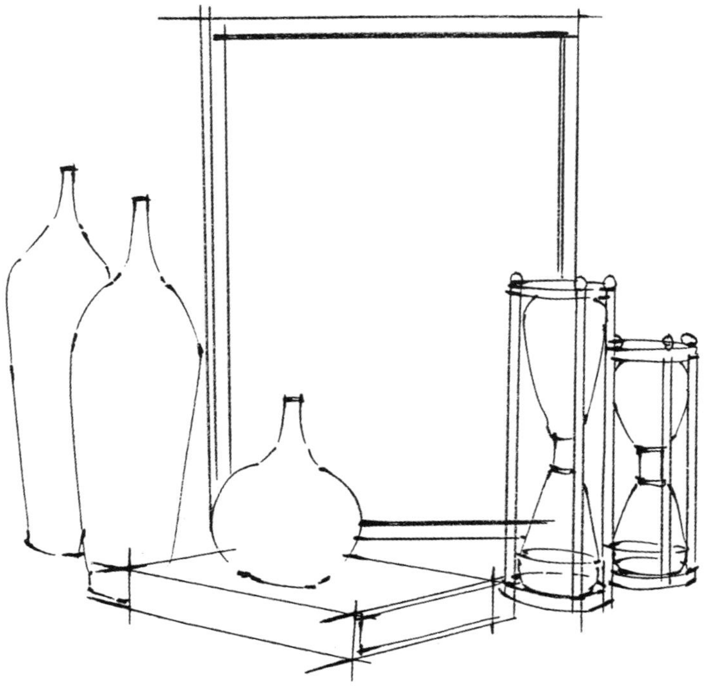

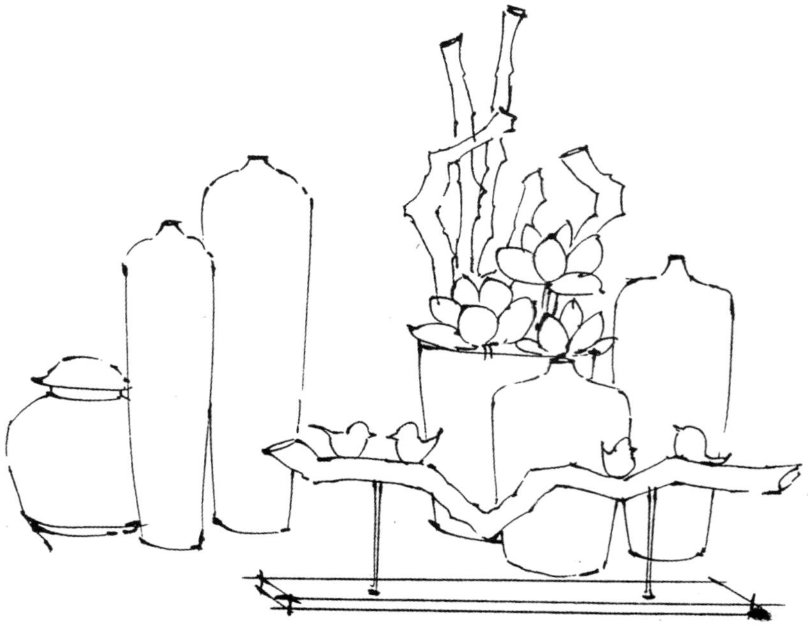

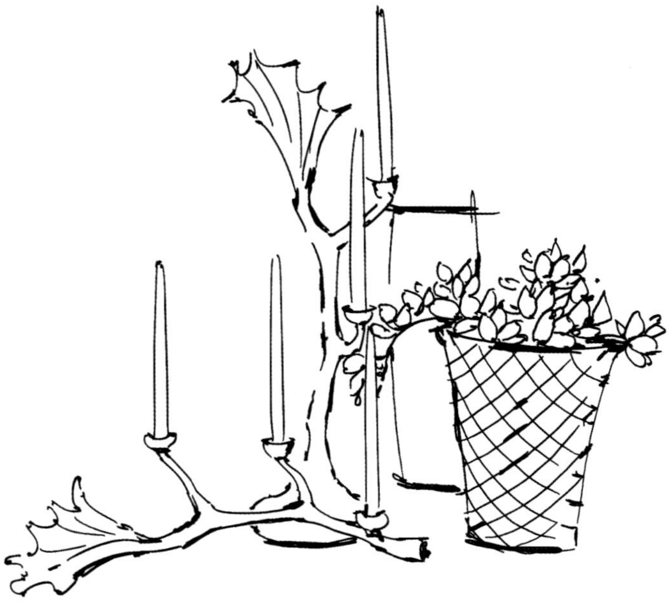

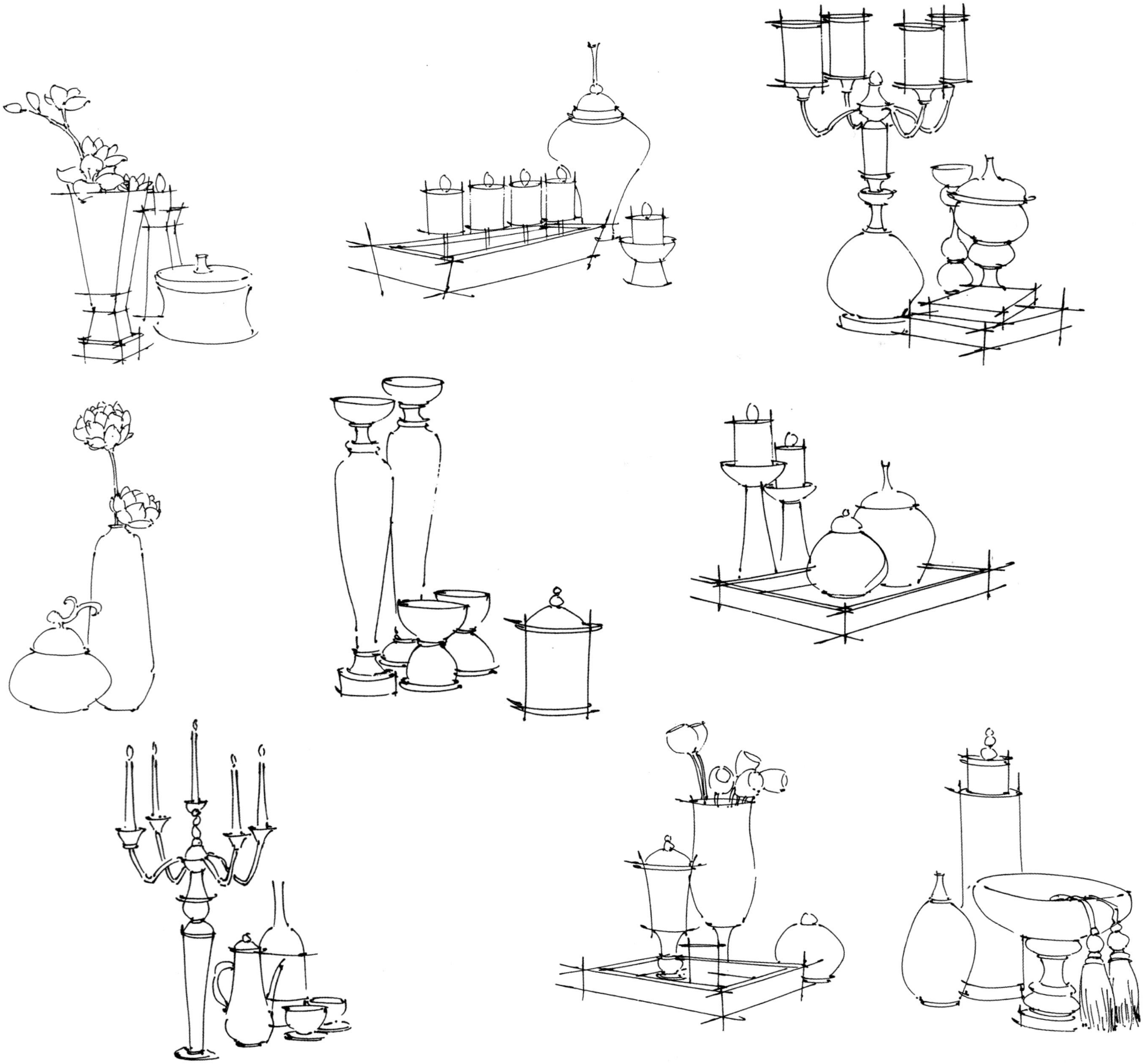

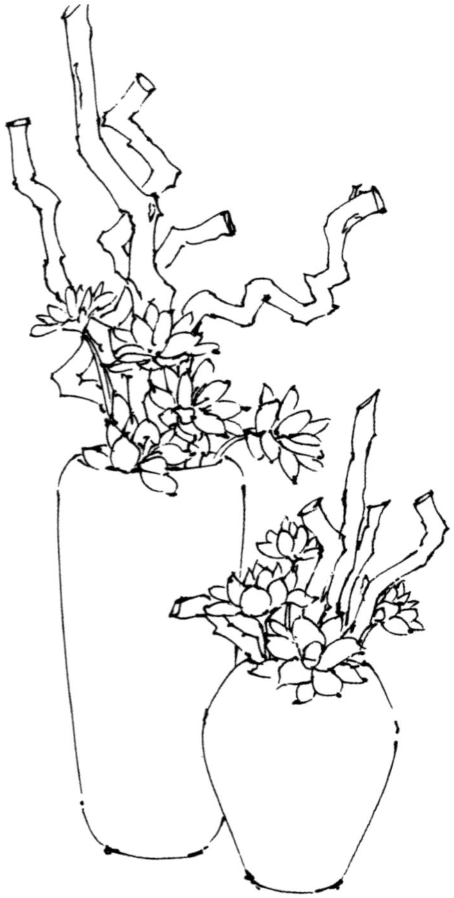

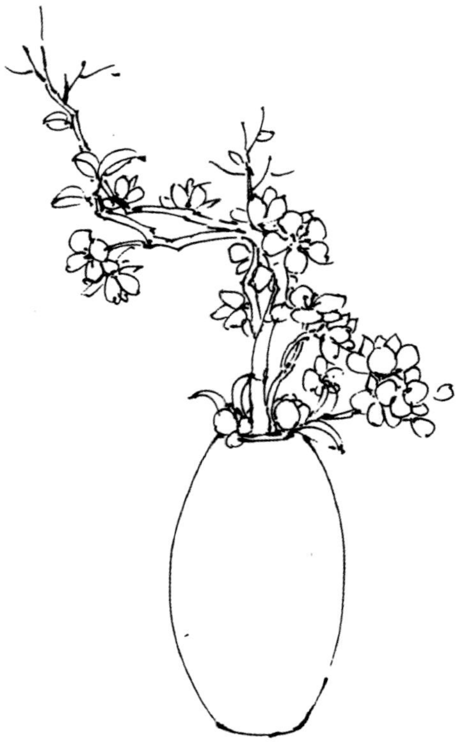

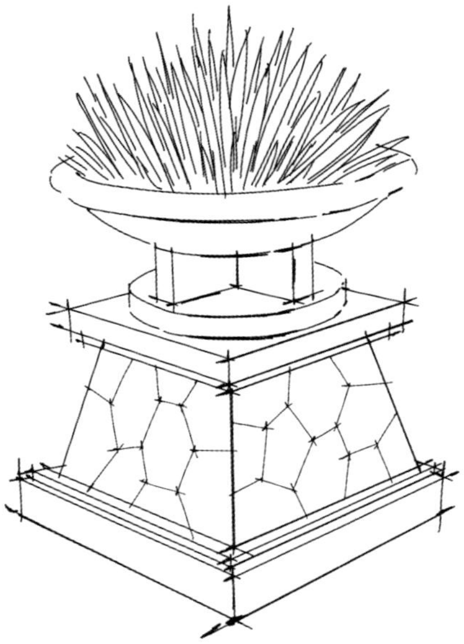

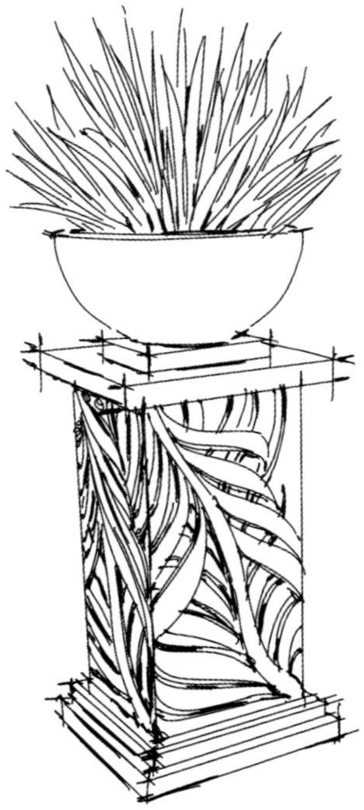
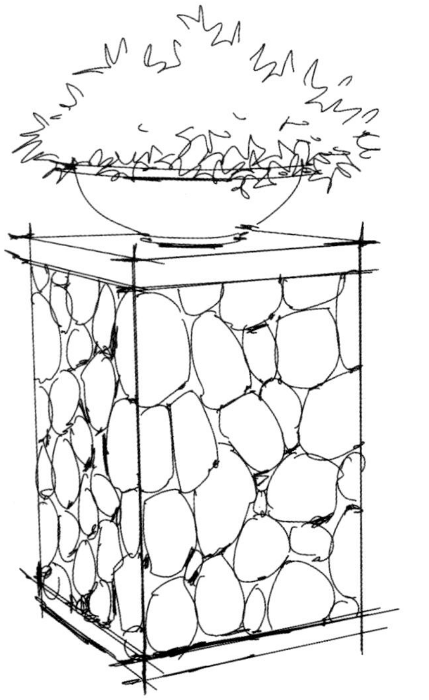

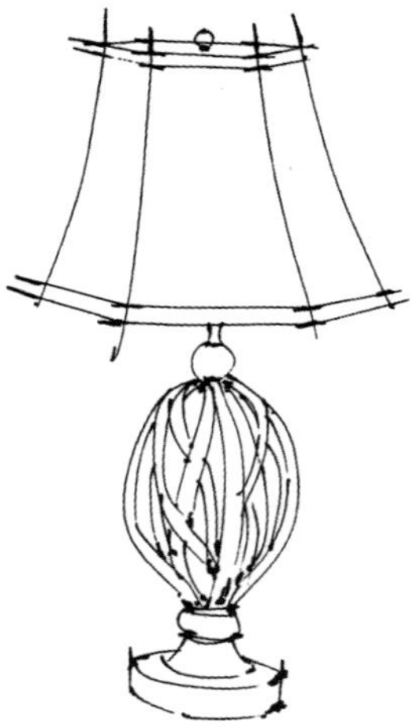

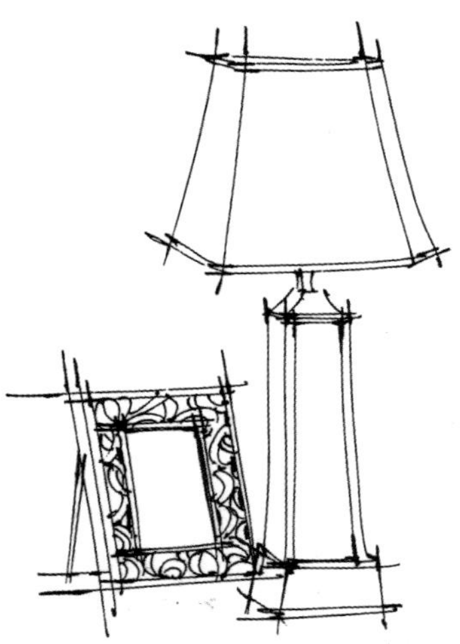

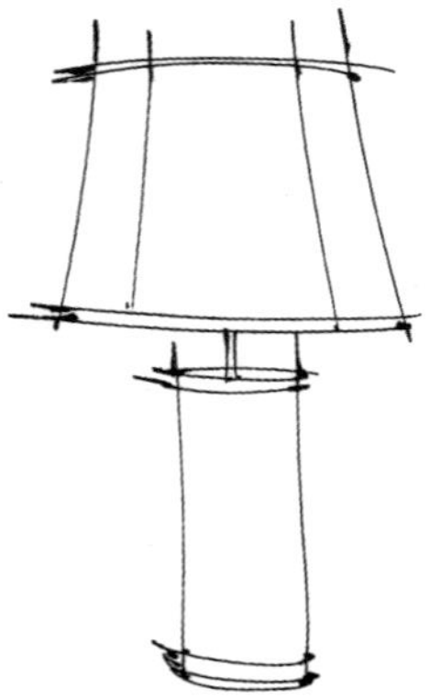

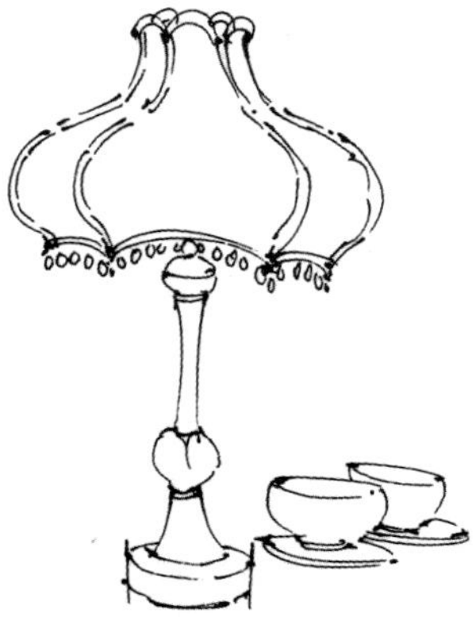

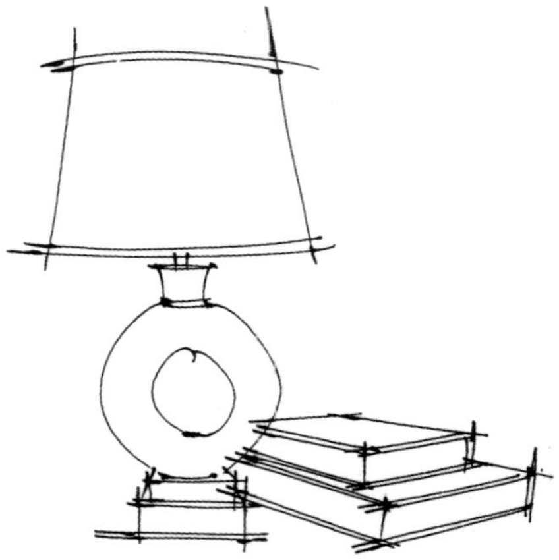

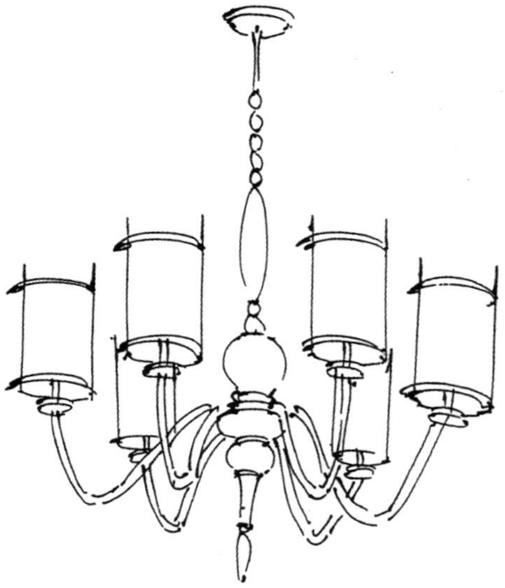

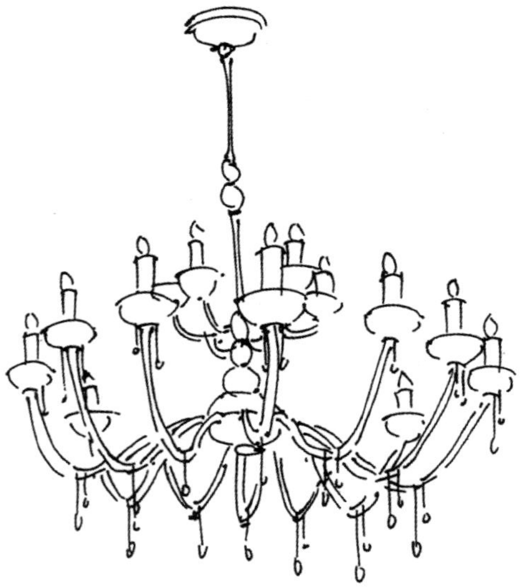

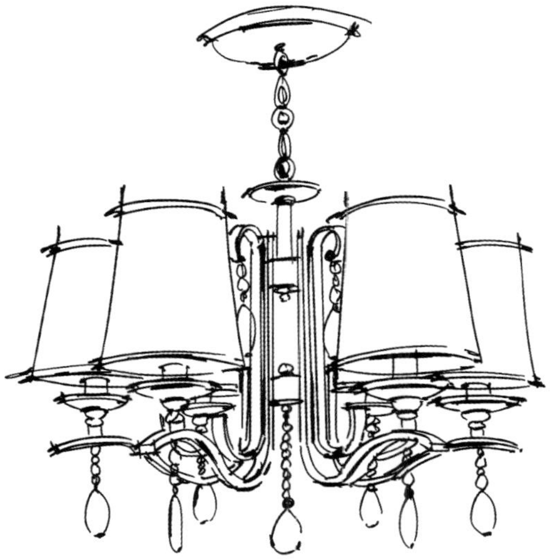

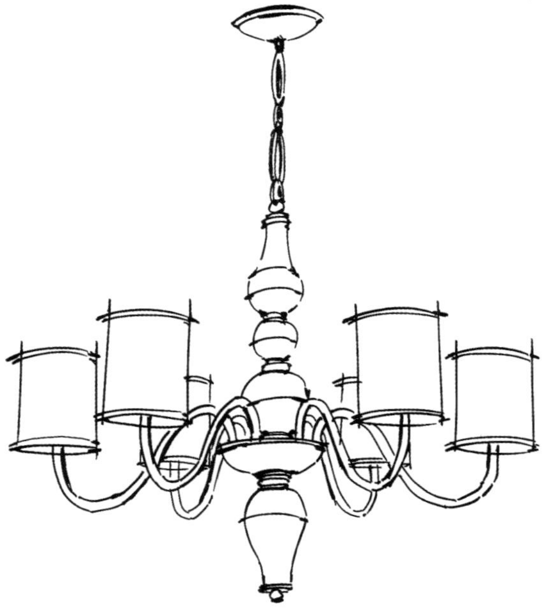

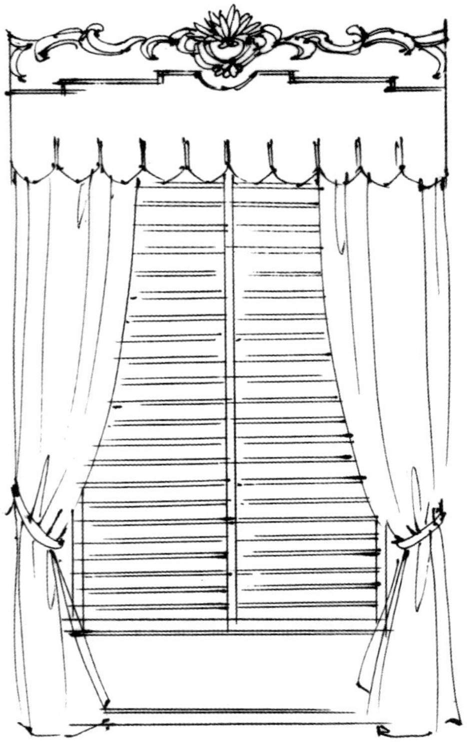

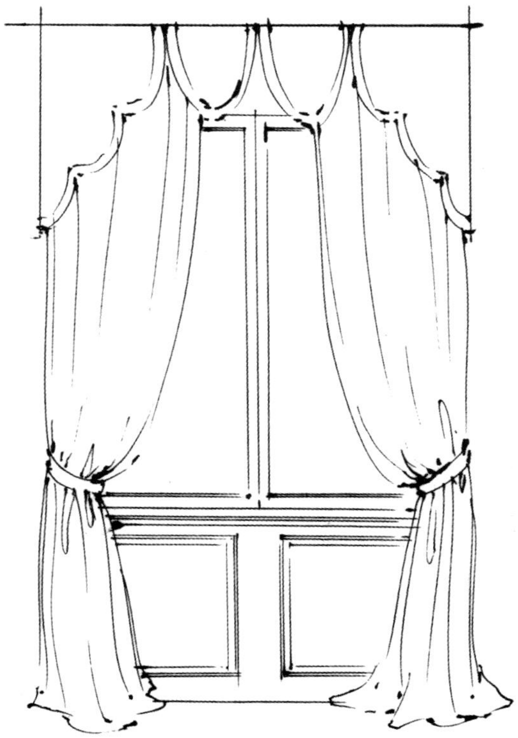

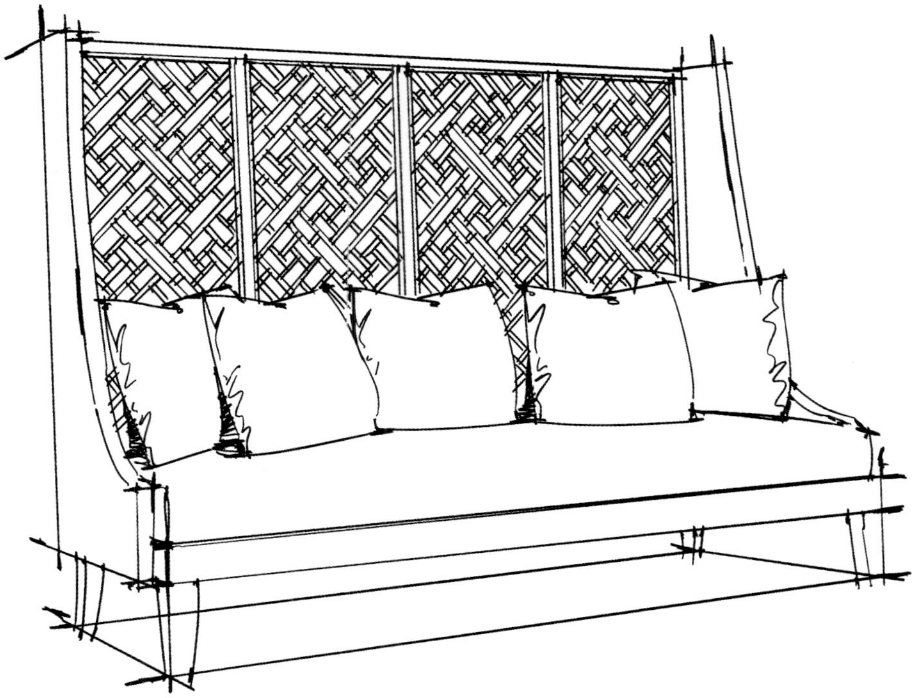

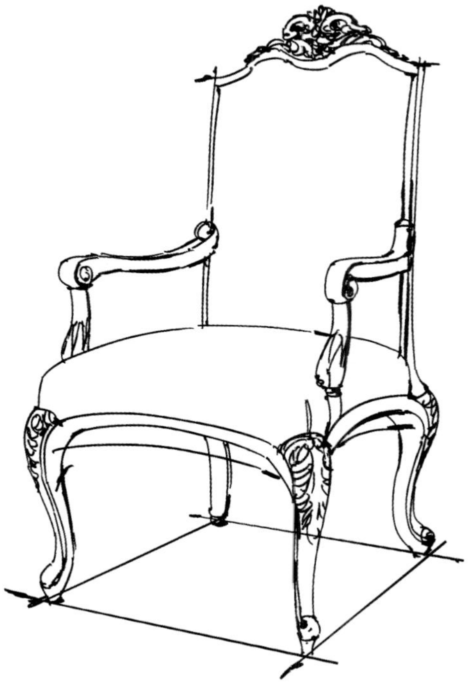

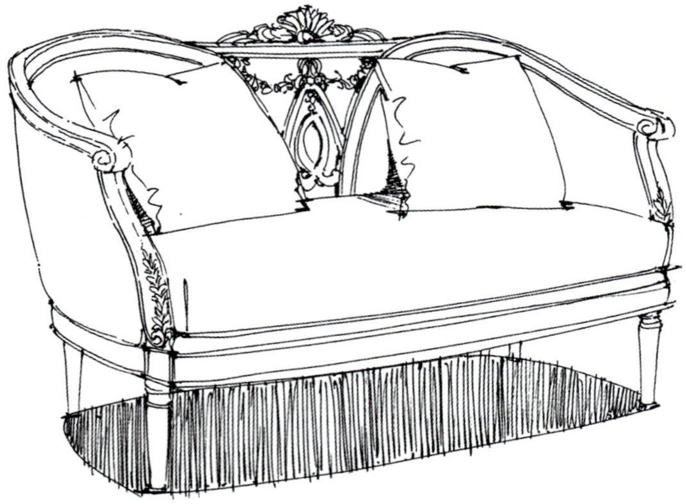

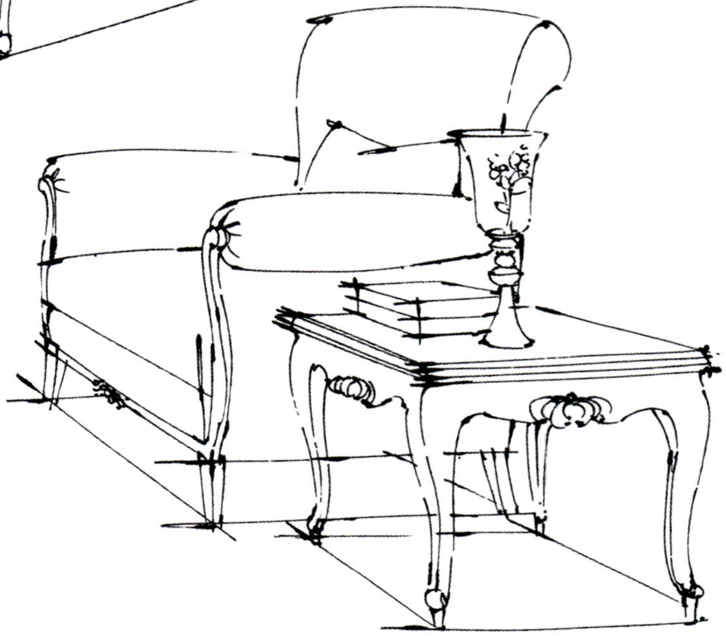

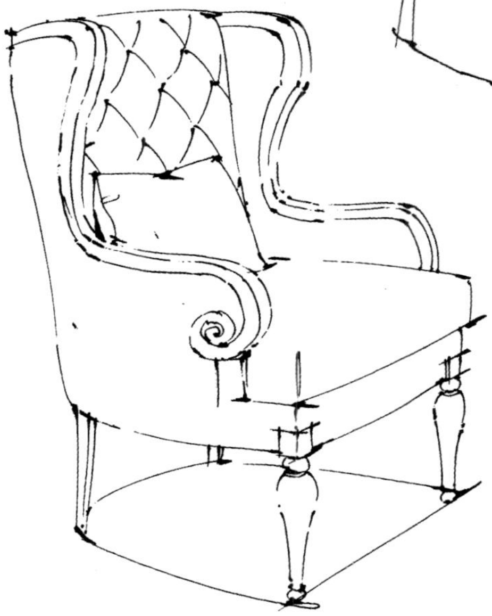

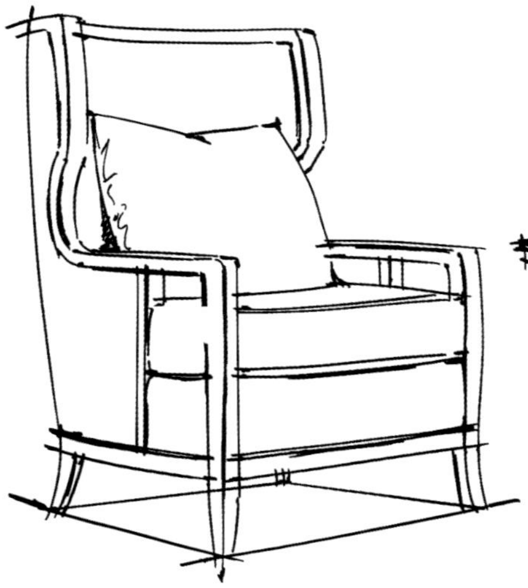

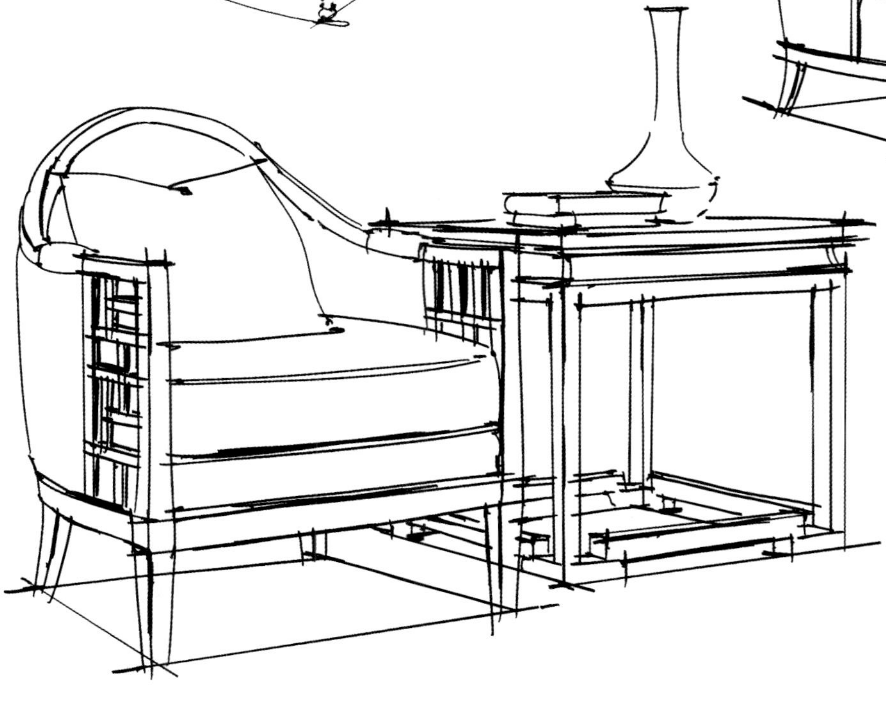

软装色彩示范

04

纸面手绘表现

现代欧式软装单体表现，主要应注意线稿的弧线流畅度，软包与花纹的弧线表现在色彩的技巧上都是先运用湿画法，大块面涂一遍底色，然后再区分明暗关系，最后再运用几笔干画法，让画面更有笔速感。

纸面手绘表现

现代中式软装表现，注意物体的明暗关系。木饰面要运用干画法表现，布艺与枕头要运用湿画法表现。

图一

图二

纸面手绘表现

图一~图三为四人圆桌表现，桌椅运用了两点透视表现、左右对称。

图四与图五为餐桌两点透视表现，要注意餐桌的反光与光泽表现，所以在运用马克笔的时候要有一些斜度。

图三

图四

图五

图一

纸面手绘表现

图一、图二和图四为现代中式桌椅两点透视组合表现，图三为现代中式桌椅组合表现，图五为北欧风格桌椅一点透视组合表现。

图二

图三

图四

图五

图一

纸面手绘表现

图一为现代欧式沙发一点斜透视表现，沙发软包线稿表现要注意透视方向。

图二为现代欧式沙发两点透视表现，地毯先打一遍底色，然后挑选深一层颜色的马克笔勾画花纹。

图二

图三

纸面手绘表现

图三、图四为现代欧式沙发一点透视表现。现代欧式的线稿难点在一些软包的表现上，在画软包前我们会轻微地定一个大概的方向点，然后再勾画。图三的地毯纹理运用了白色高光笔，图四的地毯运用了马克笔勾画纹理。地毯纹理也要注意前重后轻，前实后虚。

图四

图一

图二

纸面手绘表现

图一为现代欧式沙发一点透视表现，整张图的线稿难点在于沙发靠背弧度的表达，所以要把弧度表现得流畅些。需要分段结合表现，地毯整体底色运用了湿画法，把明暗区分出来，前面的重点，后面的轻点，在纹理的表达上先用马克笔的小头把菱形的造型根据透视分隔开，然后用马克笔的大头把菱形的位置平涂，要注意前面的菱形会重点，慢慢往后面轻点。在用笔的时候，前面的速度可以慢点，后面速度快点，就能做到前重后轻。

图二为现代欧式沙发表现，沙发的平面摆放是随意的，所以这个组合每个沙发各有自己的透视灭点，但是要注意所有物体的视平线要在同一个水平线上，地毯的花纹运用了蓝色的圆珠笔，表现花纹的时候要注意纹理的疏密关系。

图三与图四都是两点透视表现。

图三

图四

图一

纸面手绘表现

图一为北欧风格沙发两点透视表现，运用了蓝色与黄色的色系，结合胡桃木的搭配。

图二为现代风格沙发一点透视表现，屏风运用了马克笔打一遍底色，然后再用彩铅勾画纹理，最后再用马克笔加几笔笔速，地毯与枕头、沙发坐垫等布艺都运用了湿画法。木饰面属于半反射材质，所以在马克笔的运用上会使用干画法。

图二

图三

纸面手绘表现

图三为北欧风格沙发两点透视表现，色彩是马克笔+彩铅+高光笔结合，地毯纹理用了彩铅，枕头纹理用了马克笔的小头勾画花纹。

图四为现代风格沙发两点透视表现。

图四

纸面手绘表现

这是中式沙发一点透视组合表现，沙发扶手运用了蓝色与灰色调子的木饰面，让传统款式的沙发变得更时尚现代，结合了现代的屏风手法。

纸面手绘表现

这是中式沙发两点透视组合表现，沙发扶手运用了蓝色与灰色调子的木饰面，让传统款式的沙发变得更时尚现代，装饰画也运用了蓝色系作为整体的呼应。枕头使用了黄色，使整体色系更温馨。

图一

图二

纸面手绘表现

图一为北欧风格的沙发组合，运用了两点透视，此款沙发是高靠背，此组合先从茶几开始画，隔壁沙发参考了茶几的比例来表现，由于两点透视的视点比较远，所以透视感都是以参考为主。

图二为茶桌，整体的难度在于椅子的弧度。弧度我们选择分段来表现后面屏风的装饰画，先用马克笔表现出树枝，然后用涂改液点缀花瓣。

纸面手绘表现

图三为现代风格的沙发组合，运用了两点透视表现。整体要注意物体的明暗关系，枕头与布纹的表达是涂一遍底色，然后再用马克笔的小头把纹理表现出来，纹理要注意轻重关系。地毯的白色纹理是运用了高光笔加上尺子表现出来的，装饰画是运用了画得快要干的马克笔，才能表现出这样的一丝一丝停顿的笔速。

图四为中式沙发组合，运用了两点透视的画法，以快速表现为主，所以整体的笔速会比较明朗。

图三

图四

纸面手绘表现

图一为欧式风格的床组合，欧式家具的手绘要注意弧度的流畅度，弧度的线稿画法要分段表现，这样弧度会比较流畅。

图二为北欧风格的床组合，整体主要注意材质的表现，要表现木饰面的光感，所以马克笔的笔速要竖着画，软装与地毯的画法运用湿画法平涂一遍颜色，最后再加上纹理或者笔速。

图一

图二

纸面手绘表现

床两点透视纸面手绘表达，整体运用了柚子木，搭配床单与床靠背的蓝色，再加上白色的床单，使整体颜色搭配显得更高雅。

纸面手绘表现

中式床纸面两点透视手绘表达，马克笔颜色整体运用了暖灰的WG加蓝灰色的BG色系，再结合木饰面的颜色，让整体给人清雅的高级灰的现代中式之感，床头背景也是运用了马克笔的小头笔速，把装饰画细节表现出来。

纸面手绘表现

这两款是两点透视的纸面手绘表达，布料与地毯的这些材质底色要运用湿画法，最后再给几笔笔速，让整体局部突显出来。例如地毯，底色平涂后再局部给出花纹。

电脑手绘表现

整体软装的线稿是运用了SKB软件表现出来，然后运用PS将整体色彩表现出来。

地毯的纹理、装饰画的纹理、枕头花纹、植物这些都是运用了连柏慧老师研发的设计师专用笔刷表现出来的。有了专用的笔刷，纹理刷几笔就能表现出来，主要应注意整体的明暗与层次关系，色彩搭配通过参考图吸取颜色，这样就不需要不断调整色调，相对来说会比较方便。

作者：连柏慧

作者：连柏慧

电脑手绘表现

沙发通过SKB软件将线稿表现出来，地毯与装饰画运用我们研发的专业设计师笔刷来表现，注意纹理的疏密关系与明暗关系。灯具直接是贴图上去，然后再画几笔灯光调亮。

作者：连柏慧

作者：连柏慧 劳彩媚

电脑手绘表现

餐桌运用了一点透视，可以运用电脑手绘SKB的对称功能画线稿，快速表现出来。因为软件有透视辅助功能，所以线条怎么画都是直的，透视都是对的。

在色彩的表现上，餐桌也是画一半，另外一半就直接复制镜像过去。后面柜子的竖线也是直接运用笔刷，不需要一根根线条进行表现，所以电脑手绘比纸面手绘方便、快捷。

作者：劳彩媚

电脑手绘表现

此书桌运用了电脑手绘SKB的对称辅助功能，把一点透视的书桌组合快速地表现出来。地毯木纹这些材质的表现都是运用了连柏慧老师研发的室内设计师专业笔刷快速表现出来的。

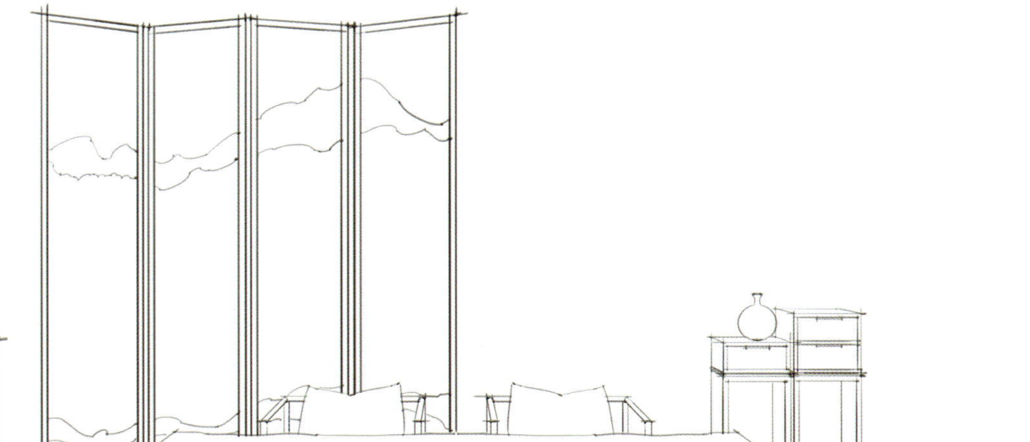

作者：劳彩媚

电脑手绘表现

圆形餐桌运用了圆形辅助工具，此餐桌采用对称画法，画左边右边也跟着表现出来，餐椅的弧形需要徒手表现。

植物与装饰画都是运用了笔刷直接快速表现。

作者：劳彩媚

电脑手绘表现

餐桌左右的椅子运用了一点透视与对称辅助功能，画完后再把前面的椅子运用两点透视功能表现出来。整体的光线是在餐桌的上方，所以桌面是亮面。椅子的座位上也是亮面，需区分好整体的明暗关系，把整体的底色区分好后再往上云添加纹理。

作者：劳彩娟

电脑手绘表现

欧式的家具难点在弧形的把握，电脑手绘的SKB软件有弧度捕捉功能，所以在下笔的时候就算速度很慢，弧度的流畅度也能很好。

整体色彩通过吸取参考图的颜色来表现，区分床的明暗对比关系。整体的色系要统一。

作者：劳彩媚

电脑手绘表现

整体色彩运用了白色、米色、黄色与灰蓝色再加上树叶的纹理，让整体宁静的色调变得丰富起来。

电脑手绘的树叶纹理直接采用连柏慧老师研发的PS笔刷，刷几笔纹理就能快速表现，比纸面手绘马克笔更方便表现。

作者：劳彩媚

电脑手绘表现

床运用了一点对称的透视来表现，单人沙发运用两点透视。整体的色调以蓝色搭配黄色，让中式的气氛感更活跃。

装饰画运用了连柏慧老师研发的笔刷，吸取参考图的蓝色与黄色，表现时应注意装饰画的疏密关系。

窗帘的表现也是先表现左边，右边就可以直接复制出来。

作者：劳彩媚

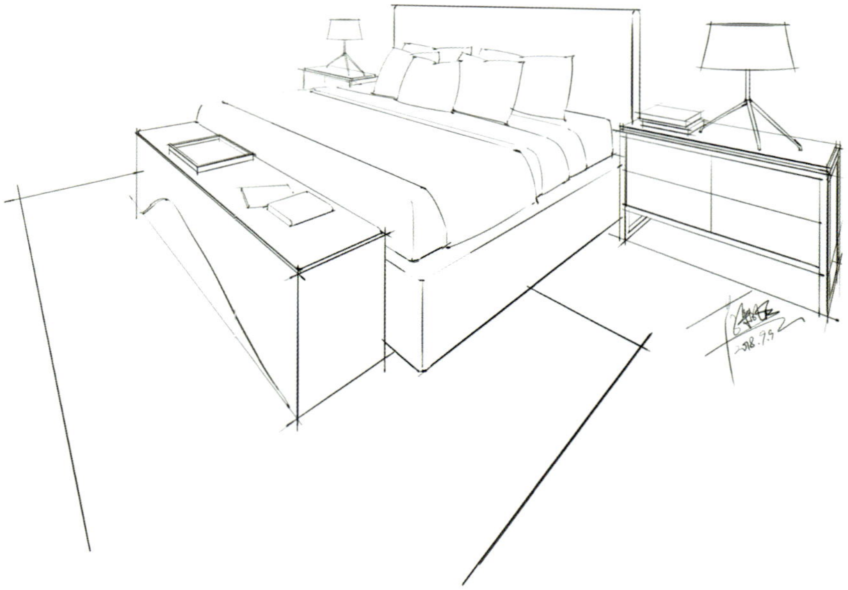

电脑手绘表现

这款床属于现代简约型，没有太多的装饰，整体色调以暖色调为主，上色的过程中要注意整体的明暗虚实关系，床的最上面是亮面，吸取参考颜色的时候要故意调亮点，每一个面都要有变化，接近前面的色系会重点，远处的就会轻点。

作者：劳彩媚

电脑手绘表现

茶几可以运用圆形辅助工具，沙发的弧度就要徒手表现。枕头的细节弧度需要单独的练习，整张图的难点就在于对弧度的把握。

作者：劳彩媚

电脑手绘表现

双人沙发与茶几运用了对称功能表现，要注意沙发扶手的质感表现，所以在一些弧度的转折地方要少画一根线条，让沙发显得更软。

右边的单人沙发运用了两点透视表现。

整体的色系运用了黄色系，以突出整体空间的活跃度。

作者：劳彩媚

电脑手绘表现

沙发、灯具、柜子之间的明暗关系要区分开。沙发运用了绿色，所以装饰画与植物上面的色系要与沙发相呼应。

作者：劳彩媚

电脑手绘表现

软装搭配，运用了柚木饰面，搭配蓝色的枕头，花瓶的装饰也选择了蓝色，那么装饰画就选择了中国风的孔雀，显得高贵而大气，在装饰画的用色上也要带点蓝色，这样整体画面的色系才会协调。

作者：劳彩媚

电脑手绘表现

整体的色调都比较相似，所以底色可以先铺一个大体的颜色，然后再整体区分明暗关系，单体深化纹理是最后直接用笔刷表现出来的。这张图的灯具是直接勾画出来，灯具的这些弧度就需要一定的手绘功底。

作者：连柏慧

电脑手绘表现

此沙发运用了玫红色搭配，使以往传统的中式变得更现代感，颜色更鲜明，沙发运用对称的工具就能快速表现出来。

作者：连柏慧 劳彩媚

电脑手绘表现

线型椅子运用了两点透视，让构图更灵活。背景墙与桌子、坐垫运用了笔刷，直接表现质感。

植物与灯光也运用了笔刷直接快速表现。

作者：蔡玫玲

电脑手绘表现

装饰柜运用了一点透视与对称辅助功能，休闲椅运用了两点透视功能表现，圆形边几运用了圆形辅助工具。整体的光线在画面中心，所以椅面与柜面是亮面，区分好整体明暗关系，把整体的底色区分好后再刷纹理质感。

作者：蔡玫玲

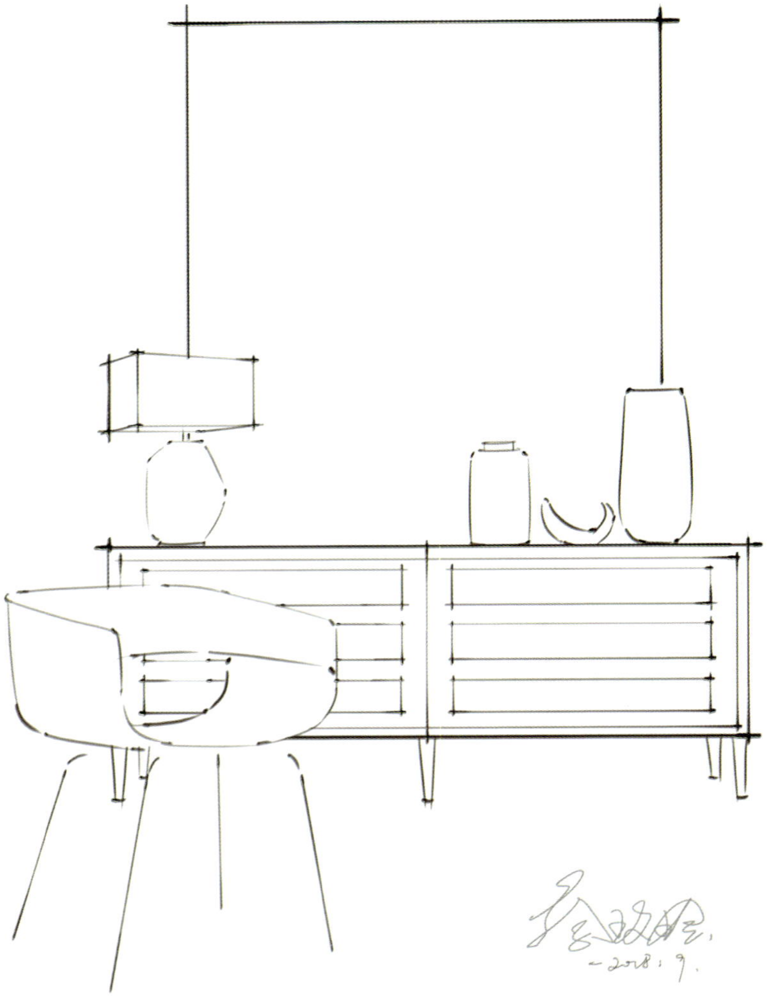

电脑手绘表现

椅子运用两点透视功能，再用单线勾勒线稿轮廓，立体感与明暗关系由色彩来体现。台灯光线用笔刷挑亮。植物与装饰画都是运用了笔刷直接快速表现。

作者：蔡玫玲

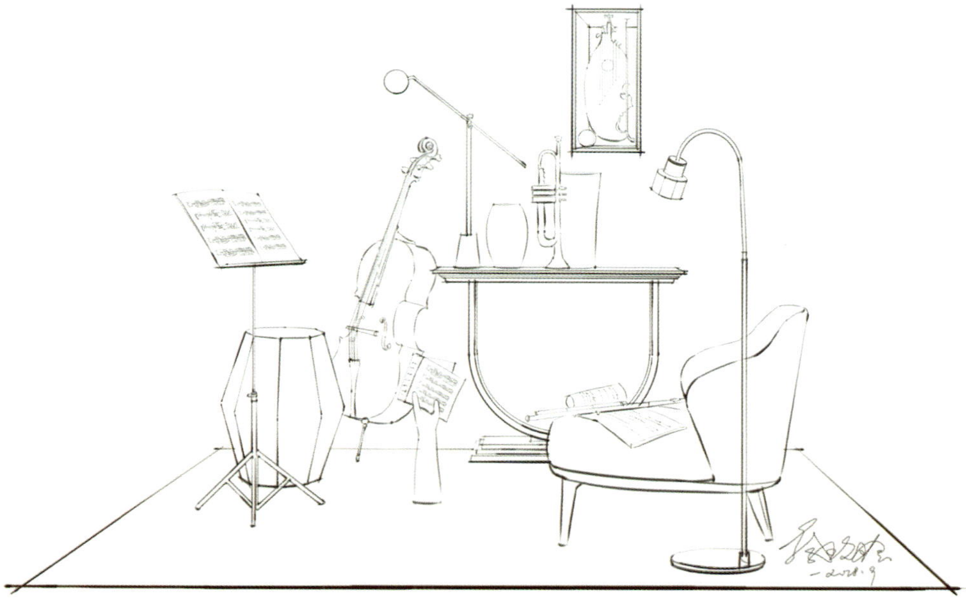

电脑手绘表现

软装运用了多点透视组合而成，再用地毯和墙体凝聚画面，菱形椅的斜面用线辅助工具直接拉伸，再用色彩体现立体感与明暗关系，大提琴与单人沙发、地毯也运用了笔刷快速表现，金属类的灯具与乐器、支架用环境色与光线的笔刷来体现材质质感。

作者：蔡玫玲

电脑手绘表现

圆形边几与落地灯运用了圆形辅助工具，箱子与音响柜运用了线辅助工具，沙发与枕头徒手勾勒。整体的光线在沙发上方，所以沙发与边几上是亮面，区分好整体的明暗关系，把整体的底色区分好再刷纹理。

作者：蔡玫玲

电脑手绘表现

沙发与屏风运用了两点透视辅助功能表现，圆桌、落地灯用圆形与线辅助工具，整体的光线在上方，所以沙发面是亮面，边柜、地毯提亮后用笔刷快速表现出来，玻璃材质圆桌与装饰品通过吸取周边色彩来表现通透性。

作者：蔡玫玲

电脑手绘表现

圆形边几与落地灯运用了圆形和线辅助工具，整体光线来源于落地灯，所以沙发面、洗漱台为亮面，调整好整体的明暗关系，再用笔刷直接表现质感，窗帘与灯光效果也都是用笔刷直接刷出来的。

作者：蔡玫玲

电脑手绘表现

边几、装饰品、花篮运用了圆形辅助工具，装饰柜与沙发分别用一点透视和两点透视辅助功能表现，后期再运用色彩笔刷快速表现。植物、装饰画、毛毯运用专属笔刷和吸色快速表现整体的明暗关系与质感。

作者：蔡玫玲

空间色彩示范

05

形态 · 随笔 · 勾勒 · 推敲 · 记录

纸面手绘表现

此空间运用了两点透视徒手表现，整体空间要区分好明暗关系与虚实关系，所以前面的沙发只画一半作为前景，让空间更有层次感。前面的阴影部分要细化一些，后面物体要虚点，用线也轻点。

作者：连柏慧

纸面手绘表现

此空间运用了一点斜透视，为了表现空间的大气，视点故意调低一点，在1.2m的视平线。为了让空间进深更强，所以前景的表达会细化，远景要省略，做到前实后虚。

作者：连柏慧

纸面手绘表现

此空间运用了一点斜透视表现，视平线定在1m，目的是在徒手表现的时候餐桌不需要表现太多。整体色调运用了短色调，马克笔运用了干画法与湿画法，布艺、地毯与墙纸运用了湿画法，地面、木饰面等半反射的材质运用了干画法。

作者：连柏慧

纸面手绘表现

此空间运用了两点透视，把沙发组合作为前景，两点透视的目的是为了更好地表现墙体硬装，整个空间运用了前景、中景和远景相结合的手法。

前景马克笔上色表现得细化点，笔速也要明朗一点，后面的物体概括几笔就可以，让前景与远景拉开，这样进深感会更好。

作者：连柏慧

纸面手绘表现

此空间运用了两点透视表现，卧室空间比较小，所以在软装的刻画上会细致一点，整张马克笔的表现底色都是用湿画法铺一层，然后再根据画面的材质来运用干画法的笔速，为了表现画面的温馨感，所以受光的两面运用了黄色的马克笔。

作者：连柏慧

纸面手绘表现

此空间运用了两点透视，把沙发组合作为前景，整体色调搭配运用了短色系。为了表现空间进深感，整体空间要注意虚实关系。

作者：连柏慧

纸面手绘表现

此空间运用了一点透视徒手表现，前面两边沙发只画一半作为前景，整体要注意线稿的明暗阴影变化。

纸面手绘表现

纸面手绘表现主要是作为前期方案构思使用，一张这样的手绘作品只需要5~10分钟就能快速表现出来。纸面手绘的透视与线条需要长时间的练习才能做到准确到位。

作者：劳彩媚

纸面手绘表现

纸面手绘细稿，此空间运用了一点透视表现，运用了尺子辅助。整体空间在马克笔的运用上前景会重点，慢慢往后虚，最后结合高光笔表现灯具的花纹图案，让整个空间更有细节。

作者：劳彩媚

纸面手绘表现

此空间运用了一点斜透视表现，整体色调运用了冷色调，前实后虚，整体底色运用了湿画法，然后根据材质结合干画法表现，再加上纹理的表达，让空间更真实。

作者：劳彩媚

电脑手绘表现

这个大堂大厅的楼层相对比较高，无论是大小空间，我们都要把它简单化，由于SKB里可以直接把平面导入到地面然后拉伸出来，这样大空间有了这种方法，画起物体来就简单方便很多。很多大堂的设计都是对称空间多，再加上整体设计以暖色调为主，所以色彩上边直接铺一个中间色调，然后再区分暗面与亮面，最后再把其他色系表现出来。

作者：连柏慧

电脑手绘表现

为了表现局部的设计，我们可以采用两点透视，因为两点透视可以把主要的墙体细节表现得细致一点，线稿我们都是通过透视辅助快速表现出来的。大理石、装饰画、灯具、植物这些都是运用我们研发的笔刷，稍微点缀几笔，整体的效果很快就能表现出来。

作者：连柏慧

电脑手绘表现

这是一个现代联合办公的场所，整体的色彩块面感都比较强，体块比较大，都是用了大笔的笔速感来表现的，外面窗户的植物要注意颜色不能那么鲜艳，否则会影响室内的设计与视觉效果。

作者：连柏慧

电脑手绘表现

这是积优联合办公室内的公共区域，由于这个是对称的空间，所以我们只要表现左边一半，另外右边的直接复制镜像过去即可，那样对称的空间表现会减少一半的时间。SKB里的线稿有对称工具，开启对称工具，直接画左边右边就能表现出来。

作者：连柏慧

电脑手绘表现

这个空间只有中景与远景，属于浅空间，前面的椅子细节就需要细化一点，前面的5张椅子，只需要画左边的椅子，右边的椅子复制镜像即可。

作者：连柏慧

现代中式餐厅休息区表现

此空间运用了一点透视表现，色彩运用PS笔刷快速的表现，要注意整体空间的色彩搭配与空间进深感。

作者：劳彩媚

现代中式餐厅卡座区表现

此空间运用了两点透视表现手法，把中式的元素与现代的色系融合在一起，形成现代而中式的餐厅风格，整个空间要注意前后关系与虚实关系。

作者：劳彩媚

现代中式餐厅包厢表现

此空间运用了两点透视空间表现，椅子我们只要画一个，后面的就可以复制过去，整体色彩要注意前实后虚，明暗关系与层次关系。

作者：劳彩媚

电脑手绘表现

空间线稿在SKB里运用了对称辅助功能，色彩在PS里只表现左边，调整好复制然后镜像过来，一张这样的电脑手绘效果图只要20分钟左右就能快速展示出来。

作者：劳彩媚

电脑手绘表现

整个空间家具是可以运用对称辅助来表现的，而墙体就要取消对称功能，这样可以加快画面的速度。屏风都是直接用笔刷刷出来的，不需要一根根的表现，地面的人字拼地板直接运用贴图，再往上面调整光线，让整体空间更协调。

作者：劳彩媚

电脑手绘表现

此空间运用了两点透视，最前面的凳子没有画全部，让空间呈现前景与中景，屏风如果在纸面手绘表现需要很长的时间才能表达出来，而电脑手绘只要有屏风的底图，就可以直接在上边表现不同的颜色，这样就更方便、快捷。

作者：劳彩媚

电脑手绘表现

此空间是一点斜透视酒店中餐厅，画法比较细化，用时一个多小时。整体的木饰面比较多，要注意画面的明暗与前后虚实关系，前面的柱子会重点，后面的柱子会轻点。

作者：劳彩媚

作者：劳彩媚